우연과 필연

Le hasard
et la nécessité

자크 모노 ― 조현수 옮김

우연과 필연

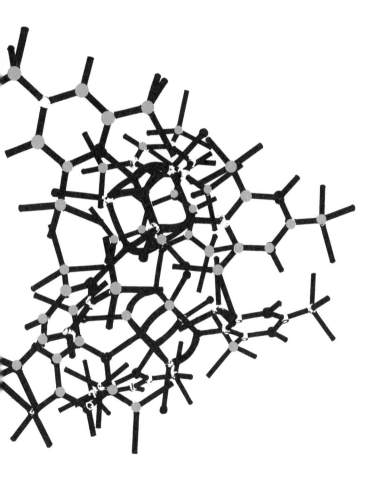

JACQUES MONOD

궁리
KungRee

우주에 존재하는 모든 것은 우연과 필연의 열매다.

- 데모크리토스

인간이 자신의 삶을 되돌아보는 이 미묘한 순간에 시시포스는 자신의 바위로 돌아오며, 언제나 원점으로 되돌아오는 이 덧없는 일을 조용히 생각해본다. 이제는 운명이 되어버린 이 일은 자신이 창조했으며, 자신의 기억의 시선 아래에서 하나로 묶이며, 조만간 자신이 죽으면 봉인(封印)될 것이다. 이리하여 그는 인간의 모든 것이 결국 인간 자신으로부터 비롯됨을 수긍하고서, 보기를 바라지만 어둠이 끝나지 않을 것을 아는 맹인(盲人)이 되어 계속해서 전진한다. 바위는 또다시 굴러 떨어진다.

나는 시시포스를 산 아래에 남겨두련다! 무거운 짐은 거듭 그의 어깨 위에 놓일 것이다. 하지만 시시포스는 신들을 부정하고 바위를 들어올리는 최고의 충직함을 보여준다. 그 또한 이 모든 것이 괜찮다고 생각한다. 이제 이 우주는 주인을 잃게 되었지만, 그의 눈에는 이런 우주가 황폐하거나 허망하게 보이지 않는다. 그에게는 바위의 알갱이 하나하나, 어둠이 내린 산에서 짧은 순간 명멸하는 작은 광채 하나하나, 이런 것들로 하나의 세계가 족히 형성된다. 꼭대기를 향한 투쟁만으로도 사람의 마음은 충분히 가득 차오른다. 우리는 행복한 시시포스를 상상해야 한다.

- 알베르 카뮈, 『시시포스의 신화』

차례

일러두기 |

본문에서 저자 주는 ✦, ✦✦ …으로, 옮긴이 주는 ¹, ² …으로 표기하였다.

생물학은 학문들sciences 사이에서 주변적인 동시에 중심적인 위치를 차지한다. 주변적인 이유는 생명의 세계가 우리가 알고 있는 이 넓은 우주의 아주 미미하고 '특정한' 부분만을 차지하고 있으며, 따라서 생명체를 연구한다는 것이 결코 일반적인 법칙들을 밝혀줄 수 있는 것처럼 보이지 않기 때문이다. 즉 생물학으로는 생명권生命圈 밖으로까지 적용할 수 있는 일반 법칙들을 드러낼 수 없다는 것이다. 하지만 학문 전체의 궁극적인 야심이, 내가 생각하듯이, 우주에 대한 인간의 관계를 밝히는 데 있는 것이라면, 생물학에 중심적 위치를 부여하는 것이 마땅하리라. 왜냐하면 모든 학문 분과들 중에서 생물학은 '인간 본성'에 관한 문제를 순전히 형이상학적인 방식과는 다른 방식으로 제기하려 할 때 그 이전에 먼저 해결되어야 할 문제들의 핵심에 곧바로 접근하려고 시도하는 학문이기 때문이다.

그러므로 생물학은 모든 학문 가운데 인간에게 가장 의미심장한 학문이다. 생물학은 이미 현대 사상의 형성에 다른 어느 학문보다도 더 크게 기여해왔다. 현대 사상은 철학이나 종교, 정치 등 전 영역에 걸쳐 진화론의 도래로 인해 그 근본부터 흔들렸으며 그 안에 진화론의 지워지지 않을 자취를 간직하고 있다. 하지만 사람들이 제아무리 19세기 말엽부터 진화론의 놀랄 만한 타당성에 대해서 확신을 가지고 있었다 한들, 유전에 대한 물리적 이론이 완성되지 않았더라면, 진화론은 생물학 전반에 걸친 그것의 지배력에도 불구하고 여전히 확고한 뿌리를 내리지 못한 채 공중에 붕 떠 있었을 것이다. 고전 유전학이 거둔 성과는 실로 대단했지만, 유전에 대한 물리적 이론에 도달할 수 있으리라는 희망은 30년 전만 하더라도 거의 공상空想에 불과해 보였다. 하지만 오늘날 '유전암호의 분자 이론'은 공상처럼 보이던 이러한 일을 현실로 이뤄내고 있다. 나는 여기서 '유전암호의 분자 이론'이라는 말을 넓은 의미로 이해하고자 한다. 이 말 속에는 유전 물질의 화학 구조나 유전 물질이 전달하는 정보의 화학 구조에 관한 이론뿐만 아니라 이 정보를 형태발생적·생리적으로 표현해내는 분자적 메커니즘들에 대한 이론도 포함된다. 이런 식으로 이해되는 '유전암호의 분자 이론'은 생물학의 근본적인 기초를 이룬다. 물론 그렇다고 해서 유기체들의 복잡한 구조와 기능들이 이 이론으로부터 연역될 수 있다거나 이들이 언제나 직접적으로 분자적인 차원에서 분석될 수 있다는 말은 아니다(양자 이론은, 의심의 여지 없이, 화학 전반의 보편적인 기초를 이룬다. 하지만 그렇다고 해서 화학의 모든 것을 양자 이론을 통해 예측하거나 해결할 수는 없다).

　하지만 '유전암호의 분자 이론'이 오늘날 (또한 앞으로도 틀림없이 그럴 테지만) 생명권에서 일어나는 모든 일을 예측하거나 해결하지는 못한다 할지라도, 이 이론은 지금 당장에서부터 생명체들에 대한 일반 이론[1]이 되고 있다. 분자생물학이 도래하기 이전의 과학 지식계에는 이와 유사한 일이 결코 없었다. 이전에는 '생명의 비밀'이란 그 본질상 접근 불가능한 것으로 여겨졌다. 하지만 오늘날에는 이 비밀의 거의 대부분이 베일을 벗고 눈앞에 드러났다. '유전암호의 분자 이론'이 가져온 이 대단한 사건, 이 이론의 일반적인 의미와 그것의 적용 범위가 소수의 순수 전문가 집단을 넘어서 많은 이들에게 이해되고 정당한 평가를 받게 된다면, 이 사건은 작금의 사상의 흐름에 아주 묵직한 영향력을 행사하게 되리라. 나는 이 책을 통해서 그러한 일이 이뤄지도록 기여하고 싶다. 나는 현대 생물학의 개념들 자체보다는 그것들의 '형태forme'를 드러내고자 하였으며, 또한 현대 생물학의 개념들이 사유의 다른 영역들과 맺게 될 논리적 관계들을 분명히 밝히고자 하였다.

과학에 종사하는 사람이 자신의 책 제목에 (혹은 심지어 부제목에라도) '철학'이라는 말을 사용하는 것은—설령 이 말 앞에 '자연'이라는 말을 붙여 '자연 철학'이라는 말을 사용한다 하더라도—오늘날에는 분별없는 경거망동으로 보인다. 과학자들은 이런 책을 불신에 찬 눈초리로 볼 것이며, 철학자들은 그보다는 조금 나을 수 있겠지만 기껏해야 '짐짓 관대한 척' 가장하는 모습을 보일 것이다. 이에 대해 나

---

1 · 즉 모든 생명체들에게 보편적으로 적용되는 일반 이론.

는 단 하나의 변명거리만을 가지고 있을 뿐이다. 하지만 나는 내 유일한 변명거리가 정당하다고 믿는다. 이 변명거리란 과학에 종사하는 사람들에게 오늘날 그 어느 때보다도 더욱 절실하게 부과되는 의무로서, 그들의 전문 분야를 문화 전체의 맥락 속에서 생각해보는 것을 통해 오늘날의 문화를 비단 기술적으로 중요한 지식들에 의해서만이 아니라 과학의 발견들 가운데 인간적으로 중요한 의미를 가지는 생각들에 의해서도 더욱 풍요롭게 만들어야 한다는 사실이다. 참신한 시선의 때 묻지 않은 솔직성—과학의 시선은 언제나 이러하다—은 때때로 오래된 문제들을 새로운 조망 아래 밝게 드러내준다.

과학에 의해 암시되는 생각과 과학 자체를 서로 혼동하는 일은 당연히 피해야 한다. 하지만 과학으로부터 이끌어낼 수 있는 결론을 극한까지 망설임 없이 끌고 가서 그 완전한 의미를 드러내는 일을 할 수 있어야 한다. 물론 이는 어려운 일이다. 내가 아무런 실수도 범하지 않고 이 일을 해낼 수 있다고 말하지는 않겠다. 이 책에서 엄밀하게 생물학적인 부분은 나만의 독창적인 생각이 아님을 밝혀둔다. 이 부분에 관한 한, 나는 생물학의 현 단계에서 정설로 확립된 개념만을 요약했을 뿐이다. 하지만 어떤 점에 상대적으로 더 많은 중요성을 부여했으며, 어떤 예를 선택할 것인지와 같은 문제에서는 나 자신의 개인적인 성향이 분명 반영될 수밖에 없었다. 생물학의 중요한 몇몇 장들은 심지어 언급조차 되지 않았다. 한 번 더 강조하지만, 이 책은 생물학의 모든 것을 드러내려는 시도가 결코 아니며, 다만 '유전암호의 분자 이론'의 정수를 가감 없이 추려내려 할 뿐이다. 물론 나는 이 이론으로부터 내가 이끌어낼 수 있다고 믿었던 모든 이데올로기적 일반 결론들에 대해 마땅히 책임을 질 것이다. 그렇지만 나는 확신을 갖고 다음과 같이 말할 수 있으리라. 내가 제시한 이 해석들은, 그것들이 '지식의 논리épistémologie'[2]의 영역을 벗어나지 않는 한, 대다수 현대 생물학자들로부터 동의를 얻게 될 것이라고. 나는 나의 생각들이 정치적이거나 윤리적인 차원으로 발전해가는 것을 결코 피하지 않았으며, 이에 대한 책임을 온전히 질 것이다. 그것들이 얼마나 위험천만한 것들이건, 혹은 나의 생각과는 달리, 그것들이 별것 아닌 아주 소박한 것들로 보이거나 혹은 분수를 모를 정도로 너무 야심에 찬 것들로 보인다 할지라도. 겸손이란 사람으로서의 학자에게는 미덕

2· 'épistémologie'라는 말을 그냥 '인식론'이라고 옮겨서는 안 될 것 같다. 보통 우리가 '인식론'이라고 부르는 학문은 인식 주관(인간)이 어떤 조건에 의해서 또한 어떤 과정을 거쳐 대상(객관)을 인식하게 되는가를 탐구하는 학문이다. 바로 데카르트나 로크, 흄, 칸트 등의 철학자들이 수행한 작업이 이런 '인식론'적 탐구이다. 이들 '인식론'적 탐구를 가리키기 위해서 불어는 'épistémologie'란 말 대신 'théorie de la connaissance'란 말을 쓴다. 반면 'épistémologie'란 '지식이란 무엇인가?', '어떤 분야의 지식을 얻기 위해서는 어떤 방법을 사용해야 하며, 어떤 공리로부터 출발하는 것이 필요한가?' 등의 문제를 탐구하는 학문이다. 이런 épistémologie가 탐구하는 주제는 그러므로 théorie de la connaissance(인식론)이 탐구하는 주제와 반드시 일치하는 것은 아니다. 후자에 비하여 전자는 인식 대상에 마주해 있는 인식 주관의 조건을 탐구하는 데 크게 관심을 두지 않는다. 아마도 인식 주관과 대상을 서로 뚜렷이 구분하는 이러한 문제 설정 방식 자체를 전자는 별로 달가워하지 않을 것으로 보인다. 인식 주관의 조건에 대한 관심으로 인해 인식론이 심리학과 연결될 수 있는 반면, épistémologie는 심리학보다는 오히려 존재론과 더 밀접하게 관련된다고 말할 수 있다. 아마도 많은 이들이 épistémologie와 théorie de la connaissance 사이의 이러한 차이에 대해서 이미 의식하고 있을 것이다. 다만, 관례라는 것은 따르는 게 편리하고 거스르려 할 때는 응분의 책임을 져야 하므로, 편리를 좇아서 관례에 따라 'épistémologie'를 그냥 '인식론'이라고 불러온 것일 게다. 하지만 관례가 굳어져 더 이상 고치기 힘들게 되기 전에 그것이 과연 정당한가를 충분히 물어봐야 할 필요가 있다.

이 되겠지만 그의 머릿속에 깃들어 있는 생각에는 그렇지 않다. 학자는 자신의 생각을 적극적으로 수호할 줄 알아야 한다. 나는 여전히 내가 최고의 존경을 받을 만한 업적을 남긴 몇몇 현대 생물학자들에게 완전한 동의를 얻을 수 있으리라 확신한다.

나의 논의들 중 어떤 것은 생물학자들에게는 너무나 익숙한 내용이어서 지루하게 느껴질 것이다. 이 점 그들의 양해를 구한다. 또한 몇몇 '전문적인' 논의들은 무미건조하게 설명하는 일이 불가피하였다. 이 점 생물학자가 아닌 이들의 양해를 구한다. 책의 말미에 있는 부록들은 몇몇 독자들이 이러한 어려움을 극복하는 데 도움을 줄 것이다. 하지만 생물학의 화학적 내용에 직접 부딪쳐보기를 바라지 않는 분들은 구태여 이 부록들을 읽지 않아도 상관없다.

이 책은 1969년 2월 캘리포니아 포모나 대학에서 행한 일련의 강연들Robbins Lectures에 의거하고 있다. 내가 오랫동안 생각은 해오고 있었지만 미처 가르쳐보지는 못한 몇몇 주제들을 젊고 열광적인 청중 앞에서 발전시킬 수 있는 기회를 제공해준 이 대학 당국자들에게 감사드린다. 나는 또한 이 주제들을 가지고 1969년에서 1970년에 걸쳐 콜레주 드 프랑스에서 강의하기도 하였다. 이 기관은 학문들 사이의 엄격한 경계를 때때로 넘어서는 것을 허용해주는 아름답고 소중한 기관이다. 이러한 기관을 세운 기욤 뷔데와 프랑수아 1세에게 은총이 있기를.

1970년 4월
클로 생-자크에서

01

—

이상한 존재들

자연적인 것과 인위적인 것

인위적인 것과 자연적인 것 사이의 구별은 누가 보더라도 즉각 알 수 있고 아무런 애매함도 없는 듯이 보인다. 바위나 산, 강, 구름은 자연적 물체들이다. 칼, 손수건, 자동차는 인위적인 것, 즉 인공물*이다. 하지만 어떻게 해서 이런 식으로 판단하는지를 분석해보면, 이러한 판단들은 결코 직접적으로 명료하지도 않으며 엄밀하게 객관적이지도 않음을 알게 된다. 우리가 알다시피 칼이란 물체는 어떤 사용 목적을 위해, 즉 그것이 수행할 기능을 미리 염두에 둔 인간에 의해 인위적으로 만들어진 것이다. 이런 경우, 미리 존재하는 어떤 의도가

◆ 말 그대로의 의미에서의 인공물(artefacts), 즉 기술(art)이나 인위적 제작(industrie)에 의해 생산된 산물이라는 의미에서의 인공물.

물체를 낳게 하는 것이며 이 물체는 그 의도를 물질적으로 표현하고 있는 것이다. 또한 이 물체의 형태는 그것이 수행할 것으로 미리 예상되는 기능에 의해서 설명된다. 강이나 바위와 같은 경우에는 다르다. 우리가 생각하기에, 이들은 물리적인 힘들의 자유로운 활동에 의해서 만들어지며, 이러한 물리적 힘들은 어떤 '의도projet'를 갖고서 활동하는 것이 아니다. 만약 우리가 '자연은 객관적이지objective 의도적인 것은 아니다non projective'라는 공리公理, postulat—과학적 방법의 근본이 되는 이 공리—에 수긍한다면, 우리는 실로 앞의 말대로 생각하는 셈이다.

그러므로 우리가 어떤 물체가 '자연적인 것'인지 혹은 '인위적인 것'인지를 판단할 때, 우리는 우리 자신의 행위—의식적이고 의도적으로 행해지는 우리 자신의 행위—를 기준으로 삼아 그렇게 판단하는 것이고 우리 자신이 인공물을 만들어내기 때문에 그렇게 판단하는 것이다. 이런 기준이 아닌 정말로 객관적이고 일반적인 기준에 의해서 자연적인 물체들—의도를 갖지 않은 물리적인 힘들의 활동에 의해 생기는 자연적 물체들—과 대비되도록, 인위적인 물체들—의식적이고 의도적인 행위의 산물들—의 특징을 규정하는 것이 실제로 가능한 일일까? 선택된 기준들이 완전히 객관적인지를 확신할 수 있는 가장 좋은 방법은 아마도 자연적 물체로부터 인공물을 자동적으로 구별해내는 자동계산기의 작동 프로그램을 이 기준들을 적용해 만들어낼 수 있는지를 물어보는 것일 게다.

이러한 프로그램이 만들어진다면 매우 흥미 있는 응용의 길이

열릴 것이다. 가령 우리가 쏘아 올린 우주선 한 대가 곧 금성이나 화성에 착륙할 것이라고 가정해보자. 우리와 인접한 행성에 의도적인 행위를 할 수 있는 지성적 존재가 살고 있는지, 혹은 과거 한때 산 적이 있는지를 알아보는 것보다 더 흥미로운 물음이 있을까? 현재의 것이든 과거의 것이든 그러한 행위의 존재를 드러내기 위해서는, 당연히 그런 행위에 의해 만들어진 산물들을 알아볼 수 있어야 한다. 설령 그 산물들이 인간의 제작물들과는 엄청나게 다르다 하더라도 말이다. 혹시 있을지도 모를 지성적 존재가 어떤 본성을 가졌는지 또는 의도란 걸 가질 수 있는지에 대해서는 전혀 알려진 바가 없으므로, 이 프로그램은 의도적인 행위의 산물이 존재하는지를 알아보기 위해서 아주 일반적인 기준만을 사용하게 된다. 즉 물체들을 검사할 때, 쓰임새(기능)가 무엇인지를 짐작하는 일 따위는 해서는 안 되며, 전적으로 물체들의 구조나 형태만을 검사함으로써 그것들이 인공물인지 아닌지를 가려내야 한다.

이를 위해서는 다음과 같은 두 가지 정도의 기준이 사용될 수 있다. 규칙성régularité과 반복성répétition이 그것이다.

물리적 힘들이 작용하여 만들어진 자연적 사물들은 기하학적으로 단순한 구조―예컨대 평평한 표면이라든가, 직선으로 곧게 뻗은 윤곽, 각진 형태, 정확한 대칭성 따위―를 띠는 경우가 지극히 드물다. 반면 인공물은 일반적으로 이러한 특징이 두드러진다. 이 같은 사실에서 규칙성이란 기준이 나왔다.

아마도 반복성이 가장 결정적인 기준일 것이다. 인공물이라면 어떤 의도에 의해서 만들어졌을 것이며 어떤 사용 목표가 있을 테므로 제작자의 항상적인 의도를 반영하는 많은 수의 유사한 인공물들이 만들어진다. 이런 점에서 본다면, 제법 잘 규정된 형태를 띤 유사한 물체들이 다수 발견된다면 이는 매우 의미심장한 일이 될 것이다.

이상과 같이 간단하게 정의한 내용을 일반적인 기준으로 삼을 수 있을 것이다. 한 걸음 더 나아가, 검사되는 물체는 미시적 microscopique 차원이 아닌 거시적macroscopique 차원의 것이어야 한다는 점을 명확하게 해두어야 한다. '거시적'이란 센티미터 단위로 잴 수 있을 정도의 크기를, '미시적'이란 보통 앙스트롬(1cm=10^8Angstrom) 단위로 표현되는 정도의 크기를 말한다. 실로, 이 조건은 정확하게 지켜져야 한다. 왜냐하면 미시적 차원에서는 원자 구조 내지는 분자 구조가 단순하고 반복적인 기하학적 특징을 띠는 것을 자주 보게 되는데, 이런 특징들은 명백히 어떤 의식적이고 이성적인 의도를 반영하고 있는 것이 아니라 단지 화학 법칙들의 소산일 뿐이기 때문이다.

자동계산 프로그램이 겪는 어려움

이제 저 프로그램과 자동계산기가 실제로 만들어졌다고 가정해보자. 이것들이 정말로 잘 작동하는지를 시험해보기 위해서는, 지구상의 물체들을 대상으로 이것들을 시험해보는 것보다 더 좋은 방법은 없을 것이다. 그러므로 좀 전까지 사용했던 우리의 가정을 이제 뒤집어서, 지구상에 인공물을 창조해낸 행위의 증거가 있는지를 찾아내고 싶어하는 화성 나사NASA의 전문가들이 이 자동계산기를 고안했다고 상상해보자. 그리하여 최초의 화성인 우주선이 지구에 날아와 바르비종 마을 근처의 퐁텐블로 숲에 착륙하게 되었다고 가정해보자. 자동계산기는 이제 착륙 지점 근처에서 가장 눈에 띄는 두 종류의 물체들을 서로 비교해보고 검사하게 된다. 바로 바르비종 마을의 집들과 아프르몽의 바위들이다. 규칙성과 기하학적 단순성, 그리고 반복성의 기준들을 활용한 결과, 자동계산기는 어렵지 않게 바위들은 자연적인 물체들이고 집들은 인공물이라고 결론짓는다.

이제 자동계산기는 그의 관심을 보다 작은 크기의 물체들로 돌려서, 몇 개의 조약돌을 조사하다가 그 옆에 있는 결정結晶—석영의 결정이라고 하자—을 발견하게 된다. 앞서와 같은 기준에 따라서, 자동계산기는 조약돌은 자연적인 것인 반면, 석영의 결정은 인공물이라고 명백하게 판단하게 된다. 이런 판단은 이 프로그램의 구조 안에 어떤 '오류'가 있음을 말해주는 증거로 보인다. 게다가 이 '오류'의 기원은 무척 흥미롭다. 결정들이 완전히 일정한 기하학적 형태를 보여주고 있는 까닭은, 결정들의 거시적인 구조가 그것들을 구성하고 있는 원자들과 분자들의 미시적인 구조—단순하고 반복적인 미시적인 구조—를 바로 직접적으로 반영하고 있기 때문이다. 달리 말하자면, 결정이란 어떤 미시적인 구조의 거시적인 표현이다. 따라서 이 '오류'는 쉽게 제거될 수 있을 것이다. 왜냐하면 모든 가능한 결정 구조가 이미 다 알려져 있기 때문이다.

하지만 자동계산기가 이제 다른 종류의 대상을 조사한다고 가정해보자. 이번에는 야생 꿀벌의 벌집이다. 자동계산기는 이 대상이 인위적인 기원을 가진 것임을 알려주는 모든 기준들을 확실하게 발견할 것이다. 왜냐하면 벌집을 구성하는 방들과 줄들의 단순하고 반복적인 기하학적 구조는 그것을 바르비종의 집들과 같은 범주로 분류되도록 만들 테니까. 이러한 판단을 어찌 생각해야 할까? 벌집은 벌들의 행위의 산물로서 만들어진다는 의미에서는 분명히 '인위적인 것'이다. 하지만 이러한 벌들의 행위는 순전히 자동적으로^{automatique} 이뤄지는 것이지 의식적인 의도에 의해서 이뤄지는 것은 아니라고 생각할 만한 이유도 충분히 많다. 어찌 되었건, 훌륭한 박물학자인 우리는 꿀벌을 '자연적인' 존재로 생각한다. 어떤 '자연적인' 존재의 자동적인 행위의 산물을 '인위적인 것'으로 생각하는 건 분명히 모순이 아닐까?

그런데 조사를 계속 더 진행시켜 나가다보면, 만약 여기에 모순이 있다면 그것은 이 프로그램을 짤 때 어떤 오류를 저질러서 생기는 일이 아니라 우리의 판단이 애매하기 때문에 생기는 일임을 알게 될 것이다. 왜냐하면 만약 자동계산기가 이제 벌집이 아니라 꿀벌들 자체를 조사한다면, 그것들을 아주 공들여 만들어진 인위적인 것들로밖에 볼 수 없을 테니 말이다. 언뜻 보기만 하더라도 꿀벌들은 좌우대칭과 평행이동 등의 단순한 대칭성의 요소들을 뚜렷이 보여준다. 게다가 무엇보다도, 이 자동계산기가 꿀벌들을 하나하나 조사해가다보면, 대단히 복잡한 꿀벌의 구조(이를테면, 복부의 털의 수와 위치, 시맥^{翅脈} 등)가 매 개체마다 기막힌 정확성으로 똑같이 반복되고 있음을 알게 될 것이다. 이것은 꿀벌이라는 존재가 무엇인가를 만들어내려는 의도적인 행위에 의해서 아주 세밀하고 정교하게 만들어진 인공물임을 말해주는 확실한 증거가 될 것이다. 자동계산기는 이와 같은 결정적인 증거들에 입각하여, 지구상에서 인위적인 제작의 활동이 존재하고 있음을, 더구나 이들 지구의 인위적인 제작물들의 수준과 비교해볼 때 그들 화성인 자신들이 만들어내는 인위적인 제작물들은 무척 원시적인 수준의 것임을, 그들 화성 나사 관리들에게 보고할 것이다.

우리가 이처럼 거의 공상과학과 다름없는 이야기로 우회한 것은 '자연적인 것'과 '인위적인 것'을 구분하는 것이 일견 직관적으로 자명한 듯 보이지만 실은 얼마나 어려운 것인가를 보여주기 위해서다. 실제로, (거시적인) 구조상의 기준만을 가지고서 인공물을 가려낼 수 있는 완전한 정의─인간이 제작해낸 산물들을 비롯한 모든 진짜 인공물들을 포함하면서 동시에 결정 구조물이라든가 살아 있는 생명체들과 같은 명백하게 자연적인 것들을 (우리는 틀림 없이 이들을 자연적인 것들로서 분류하고 싶을 것이다) 배제할 수 있는 정의─에 도달하는 것은 실로 불가능하다.

저 프로그램이 이러한 혼동(이 혼동은 단지 외견상의 것일까?)에 빠진 원인이 무엇인지를 생각해보면, 이 혼동이 우리가 이 프로그램을 오직 형태나 구조, 기하학적 성질 따위만을 고려하게 한 채 인공물의 가장 본질적인 내용을 미처 고려하지 못하도록 만들었다는 데서 기인하는 것이라는 데 생각이 미칠 것이다. 인공물의 가장 본질적인 내용이란, 인공물이란 무엇보다도 그것이 수행할 기능^{fonction}에 의해서, 그것의 발명자가 기대하는 성능^{performance}에 의해서 정의되고 설명될 수 있다는 점이다. 하지만 곧 알게 되겠지만, 자동계산기를 물체의 구조뿐만 아니라 성능도 함께 조사하도록 프로그램화한다 할지라도 결과는 마찬가지로 실망스러울 것이다.

의도가 깃든 존재들

예컨대, 이 새로운 프로그램이 자동계산기로 하여금 두 대상, 즉 초원에서 달리는 말들과 도로 위를 달리는 자동차들의 구조뿐만 아니라 그들의 성능도 정확하게 분석할 수 있게 한다고 가정해보자. 분석 결과, 자동계산기는 곧 다음과 같은 결론에 도달한다. '둘 다 빠르게 이동할 수 있도록 고안되었다는 점은 아주 유사하다. 물론 두 물체는 서로 다른 표면 위에서 이동하는데, 바로 이 점이 그들 사이에 있는 구조상의 차이를 설명한다'라고 말이다. 만약 또 다른 예를 들어, 자동계산기가 이번에는 척추동물의 눈이 가진 구조와 성능을 카메라의 그것들과 서로 비교한다면, 오직 이들 사이의 깊은 유사성만을 알아보게 될 것이다. 렌즈, 조리개, 셔터, 감광성感光性 색소 등, 두 물체는 형태만 다를 뿐 유사한 기능을 수행하는 이 같은 요소들을 지니고 있기 때문이다.

눈의 예는 생명체의 기능적인 적응$^{adaptation\ fonctionnelle}$을 보여주는 고전적인 예다. 내가 이 예를 선택한 것은, 자연적 기관인 눈이 어떤

'의도projet'—영상映像을 포착하려는 의도—의 달성을 나타내고 있다는 것을 한사코 부정하려 드는 일이 얼마나 자의적이며 부질없는지를 강조하기 위해서다. 카메라의 기원에는 어떤 '의도'가 있다는 것을 인정하면서도 눈에 대해서는 이를 부정하는 것은 잘못된 일이다. 눈이 어떤 의도를 달성하고 있다는 사실을 부정하려 드는 것은, 결국 카메라를 '설명하는' 의도가 곧 눈의 구조를 그런 모양으로 생기도록 만든 의도와 같을 수밖에 없기에, 더욱 어이없는 일이다. 모든 인공물은 어떤 생명체의 행위의 산물이다. 생명체는, 이러한 인공물을 만들어냄으로써, 모든 생명체들을 예외 없이 특징짓는 기본적인 속성 중의 하나를 아주 명백한 방식으로 표현하고 있다. 그 속성이란 생명체는 어떤 의도가 깃든doué d'un projet 존재라는 것이다. 다시 말해 생명체들의 구조는 어떤 의도를 나타내고 있으며, 그들의 활동(예컨대, 인공물의 창조와 같은 그들의 활동) 또한 이 의도를 수행하고 있다는 것이다. 몇몇 생물학자들은 한사코 이런 생각을 거부하려 하지만, 그러기보다는 오히려 반대로 이런 생각이 생명체를 정의하는 데 본질적이라는 점을 인정하는 것이 불가피하다고 생각된다. 생명체는 우주에 존재하는 다른 모든 존재들로부터, 우리가 이제부터 '합목적성téléonomie'이라고 부를 이 속성에 의해서 구별된다.

하지만 이 속성이 생명체를 정의하는 데 필요조건은 될지언정 충분조건은 되지 못한다. 왜냐하면 합목적성이라는 이 속성은 생명체들을 그들이 만든 인공물들로부터 구별하게 해주는 객관적인 기준을 제시하지는 않기 때문이다.

인공물을 태어나게 한 의도란 그 인공물 자체에 속하는 것이 아니라 그것을 만들어낸 동물에게 속한다고 지적해보아도 충분하지 않다. 손쉬운 이런 생각은 너무 주관적이다. 이 기준을 자동계산기의 프로그램에 적용하기 어렵다는 점이 그 증거다. 저 자동계산기는 어떤 식으로 '영상의 포착'이라는 의도—카메라가 나타내는 이 의도—가 카메라 자체가 아닌 다른 물체에 속한다고 결정할 수 있을까? 어떤 물체의 구조와 그 구조가 실행하는 기능만을 조사해봐서는, 의도가 무엇인지는 알 수 있어도 그 의도의 입안자^{立案者}가 누구인지는 알 수 없다.

입안자를 찾아내려면, 물체의 현 상태뿐만 아니라 그것의 기원 및 역사, 그리고 무엇보다도 그 구성방식을 조사할 수 있는 프로그램이 필요하다. 원칙적으로는 이런 프로그램이 만들어질 수 있다는 사실에 꼬투리를 잡을 만한 점은 아무것도 없다. 이 프로그램은, 그것이 제아무리 원시적인 것이라 할지라도, 인공물—제아무리 완벽한 인공물이라 할지라도—과 생명체 사이에 하나의 근본적인 차이가 있음을 식별해낼 것이다. 이 프로그램으로 만들어진 자동계산기는, 인공물의 거시적인 구조란 (그것이 벌집 모양이건, 비버가 만든 댐이건, 구석기 시대의 도끼건, 비행접시건) 그 인공물을 구성하는 질료에 외부로부터의 힘이 적용되어 만들어진 것임을 놓치지 않고 확인할 것이다. 인공물의 경우, 일단 완성된 거시적 구조는 그것의 질료를 구성하는 원자들이나 분자들 사이의 내적 응집력을 나타내는 것이 아니라 그것을 만들어낸 외적 힘을 나타낸다(이 인공물의 질료를 구성하는

원자나 분자가 이 인공물의 거시적인 구조에 줄 수 있는 것은 이 인공물의
아주 일반적인 성질인 밀도나 견고성, 가연성과 같은 것들뿐이다).

자기 자신을 스스로 구성해내는 기계

반면 이 프로그램은 생명체의 구조는 아주 다른 과정을 거쳐서
생긴다는 사실을 분명히 알게 되리라. 생명체의 구조는 외적인 힘의
작용에 의해서가 아니라, 그의 전체 형태에서부터 가장 작은 세부적
인 면에 이르기까지 모두, 자기 자신 내에서 일어나는 내적인 '형태
발생적morphogénétique' 상호작용에 의해 생긴다. 생명체의 구조는 그러
므로 정확하고 엄밀한 자율 결정성을 보이며, 외적 조건들이나 힘들
에 대해 거의 완전히 '자유'롭다. 외적 조건들이나 힘들은 이 내적 형
태발생을 방해할 수는 있겠지만, 그 발생 과정을 주도적으로 이끄는
것이 아니며 생명체에 유기적 조직성organization을 부여하는 것도 아
니다. 생명체의 거시적 구조를 구성하는 형태발생 과정이 이처럼 자
율적이고 자발적이라는 것에 의해서, 생명체는 인공물들로부터만이
아니라 자연적 물체들의 대부분으로부터 절대적으로 구별된다. 다
른 물체들의 거시적인 형태는 대부분 외적인 힘의 작용에 의해 결정
된다. 단 하나의 예외가 있다. 이번에도 역시 결정結晶들이다. 각 결정
의 특징적인 기하학적 구조는 그것에 내재하는 미시적인 상호작용
들을 반영하고 있다. 따라서 이 하나의 기준에 의거한다면, 결정들은
생명체들과 같은 집단으로 분류될 것이다. 반면, 외적인 힘들에 의해

서 그들의 구조(형태)가 만들어지는 인공물들이나 자연적 물체들은 다른 집단으로 분류될 것이다.

규칙성이나 반복성의 기준에 의해서와 마찬가지로 이 내적 형태 발생이라는 기준에 의해서도 결정의 구조와 생명체의 구조가 서로 유사하다는 사실은, 이 자동계산기의 프로그래머에게—설령 그가 현대 생물학에 대해 아무것도 모른다 할지라도—깊은 생각거리를 제공해줄 게다. 생명체의 거시적인 구조를 형성하는 내적인 힘들이란 결정의 형태를 발생시키는 미시적 상호작용들과 같은 본성의 것이 아닐까라고 이 프로그래머는 생각하게 될 것이다. 사실이 실제로 이러하다는 것을 밝히는 것이 우리가 이 책의 나머지 장들에서 주로 다룰 주제 중 하나다. 하지만 지금 당장은 생명체를 우주의 다른 존재들로부터 구별 짓는 거시적인 속성들을 지극히 일반적 기준들에 의해 정의하는 데에 주력하자.

생명체의 지극히 복잡한 구조가 어떤 내적이고 자율적인 결정성 決定性, déterminisme에 의해서 형성된다는 것을 발견한 프로그래머는, 그가 비록 생물학에 대해서는 모를지언정 정보에 대해서는 전문가인 만큼, 저런 복잡한 구조가 생기려면 엄청난 양의 정보가 필요하다는 점을 틀림없이 알게 된다. 그렇다면 이제 이 정보의 원천이 어디인지를 알아내야 하는 일이 남는다. 왜냐하면 생명체의 구조가 어떤 정보를 받아들여 표현하는 것인 이상, 이 정보를 보낸 발신자가 있을 것이기 때문이다.

자기 자신을 복제하는 기계

　계속된 탐구 끝에 프로그래머가 드디어 최종적인 발견에 이르렀다고 해보자. 바로 생명체의 구조에서 표현된 정보의 발신자는 언제나 그 생명체와 동일한 또 다른 대상이라는 사실을 말이다. 이제 그는 정보의 원천을 찾아냈고, 그리하여 생명체가 가진 세 번째의 두드러진 속성을 알게 되었다. 즉 생명체란 자기 자신의 구조를 발생시키는 정보를 불변적으로 복제해내고 전달할 수 있는 능력을 갖고 있다. 극도로 복잡한 생명체의 구조를 발생시키는 것이므로 이 정보는 대단히 엄청날 테지만, 그럼에도 불구하고 한 세대에서 다음 세대로 그 모든 것이 전혀 아무런 손상 없이 완전히 보존된다. 우리는 이러한 속성을 '**불변적인 복제**reproduction invariante' 혹은 간단히 '**불변성**invariance'이라는 이름으로 부르고자 한다.

　그런데 생명체와 결정 구조는 여기서 다시 한 번 이 불변적인 복제라는 속성을 공유하게 됨으로써, 그들 사이의 유사성은 더욱더 커지고, 우주의 그 밖의 다른 모든 존재자들에 대해 함께 대립하게 된다. 주지하는 바와 같이, 어떤 화학 물질을 포화 용액 속에서 결정시키려면 결정의 눈(맹아)을 용액 속에 심어놓지 않으면 안 된다. 또한 어떤 하나의 물질을 서로 다른 두 개의 계系에서 결정結晶시킬 때, 각각의 계에서 나타나게 될 결정의 구조는 그 전에 심어져 있던 맹아의 구조에 의해 결정決定된다. 그렇지만 결정 구조가 나타내는 정보의 양은, 오늘날 우리가 아는 가장 단순한 생명체가 한 세대에서 다음 세대로 전달하는 정보의 양과 비교한다면, 엄청나게 적은 것이다. 이 기준은 순전히 양적인 것이지만(이 점은 강조할 필요가 있다), 생명체를 결정을 포함한 나머지 다른 모든 것들로부터 구별해준다.

· · ·

이제 현대 생물학을 모르는 화성인 프로그래머는 자신만의 생각에 잠기도록 내버려두자. 화성인을 끌어들인 이 상상적 사고실험은 단지 생물체를 우주의 다른 존재들로부터 구별 짓는 가장 일반적인 특징들을 '재발견'하기 위해서였다. 이제 우리는 현대 생물학을 알 만큼 충분히 알고 있어서 생명체를 특징짓는 속성들이 무엇인지를 보다 면밀히 분석할 수 있게 되었고 또한 그것들을 보다 정확하게— 가능한 한 양적인 방식으로—정의할 수도 있게 되었다고 생각하도록 하자. 우리는 세 가지 속성을 찾았다. 바로 합목적성, 자율적 형태발생, 복제의 불변성이다.

이상한 속성들 : 불변성과 합목적성

이들 세 가지 가운데 복제의 **불변성**이 양적으로 정의 내리기가 가장 쉽다. 이 속성은 어떤 고차원적 질서를 갖춘 구조를 복제하는 능력이며, 어떤 구조가 어느 정도 높은 차원의 질서를 가지는가 하는 것은 정보를 측정단위로 삼아 평가할 수 있다. 그러므로 주어진 어떤 종種의 '불변성의 내용'은 어떤 정보량과 같다. 즉 한 세대에서 다음 세대로 전달되어 그 종에 독특한 구조적 규범을 보존하게 해주는 정보량과 같은 것이다. 뒤에서 살펴보겠지만, 몇 가지 가설을 이용하면 이 정보량이 어느 정도인지를 계량하는 일이 가능하다.

이러한 사실은, 생명체의 구조와 활동에 대한 조사를 통해 우리가 즉각적으로 확실하게 생명체가 가진 특유의 속성이라고 생각할 수 있었던 것을, 즉 생명체의 합목적성이라는 속성을 한층 더 잘 파악할 수 있게 해줄 것처럼 보인다. 하지만 분석해보면 이 속성은 참으로 애매한 것으로 드러난다. 왜냐하면 이 속성은 '의도'라는 주관적인 관념을 포함하기 때문이다. 카메라의 예를 다시 생각해보자. 이 물체의 존재나 구조가 어떤 의도—영상의 포착이라는 의도—를 실현하고 있다는 것을 우리가 인정한다면, 척추동물에게 눈이 등장한 것에 대해서도 이와 유사한 어떤 '의도'가 실현되고 있다는 점을 마땅히 인정해야 한다.

하지만 모든 개별적인 특수한 의도는, 그게 어떤 것이든, 하나의 보다 일반적인 의도의 부분으로서밖에는 의미를 갖지 않는다. 생명체의 모든 기능적인 적응들과 또한 생명체가 만들어내는 모든 인공물들은 모두들 각각 어떤 유일한 원초적 의도의 부분들로 간주될 수 있는 개별적인 의도들을 실현하고 있는 것이다. 이 유일한 원초적인 의도란 종의 보존과 증식이다.[3]

3· 이 문단에서부터 모노는 어떻게 해서 '합목적성'이라는 개념—'의도'라는 지극히 주관적인

보다 정확히 말하자면, 우리는 아주 자의적으로 다음과 같이 규정한다. 합목적적인 의도의 본질은 종種을 특징짓는 불변성의 내용을 한 세대에서 다음 세대로 전달하는 데 있다고 말이다. 그러므로 이 본질적인 의도의 성공에 기여하는 모든 구조와 성능, 모든 활동은 '합목적적'이라고 불릴 것이다.

이렇게 하면 어떤 종의 합목적성의 '수준'에 대한 원칙적인 정의를 내릴 수 있게 된다. 실로 모든 합목적적인 구조와 성능은 어떤 정보량, 곧 이 구조와 성능이 실현되기 위해 전달되어야 하는 정보량에 대응하는 것으로 간주될 수 있기 때문이다. 이 양을 '합목적적 정보'라고 부르자. 그렇다면 이제 다음과 같이 생각할 수 있게 된다. 즉 어떤 종의 '합목적성의 수준'은 그 종에 독특한 복제의 불변성의 내용을 한 세대에서 다음 세대로 확실하게 전달하기 위하여 운반되지 않으면 안 되는 개체당當의 평균적인 정보량에 대응하는 것이라고 말이다.

이제 저 근본적인 합목적적 의도는 (즉 불변적 복제는) 발달의 정도가 서로 다른 다양한 종들에게서 그 세련됨과 복잡성의 정도가 각기 다른 다양한 구조와 성능에 의해 실현된다는 것을 쉽게 알 수 있다. 여기서 문제되는 것이 비단 복제 자체와 직접적으로 관련되는 행위들뿐만이 아니라 아주 간접적인 방식으로나마 종의 생존과 증식

관념을 내포하고 있는 개념──을 양적으로 측정 가능한 개념으로 만들어갈 수 있는지를 보여주려 한다. 실로 양적으로 측정될 수 있고 규정될 수 있는 개념만이 과학적──현대적 의미에서의 '과학적'──개념이 될 수 있다.

에 기여할 수 있는 모든 행위들이라는 점을 강조해두어야 하겠다. 예컨대, 고등포유류의 새끼들이 하는 놀이는 그들의 정신 발달과 사회 참여를 위한 중요한 요소다. 그러므로 이런 놀이는 무리의 결속에 참여할 수 있게 하는, 합목적적 가치를 지닌 것이다. 무리의 결속에 참여한다는 것이 곧 개체의 생존을 가능케 하는 조건이며, 또한 그럼으로써 종 전체의 확장을 가능케 하기 때문이다. 그러므로 합목적적 의도에 봉사하기 위한 것으로 생각되는 이 모든 다양한 구조들과 성능들 각자의 복잡성 정도를 계량하는^{estimer}[4] 것이 이제 문제가 된다.

이 크기는 이론적으로는 규정하는 것이 가능하지만 실제로는 측정할 수 없다. 하지만 서로 다른 종들을 '합목적성의 등급'을 나타내는 사다리 위에 대강이나마 수직적으로 위계 지우는 것은 가능하다. 한 가지 극단적인 사례로서, 사랑하는 여인에게 감히 직접 고백하지는 못하고 오직 그녀에게 바치는 시를 빌려 상징적으로만 자신의 욕망을 표현할 줄 아는 겁 많고 수줍음 많은 시인의 경우를 들어보자. 이 교묘하고 세련된 구애에 마침내 마음이 끌린 여인이 드디어 이 시인에게 자신의 몸을 허락했다고 해보자. 그렇다면 이 시인의 시는 저 근본적인 의도가 성공하는 데 기여한 것이고, 따라서 이 시에 포함된 정보는 유전적 불변성의 전달을 확보하기 위해 행해지는 많은 합목적적 행위들이 가진 정보의 총량 중 한 부분으로 계산되어야 할 것이다.

4· 여기의 'estimer'라는 말은 철저히 '양을 측정한다(계량한다)'는 의미로 읽혀야 한다고 생각된다.

다른 동물들에게는, 예컨대 쥐와 같은 경우라면, 저 근본적인 의도가 성공하는 데 결코 이러한 행위가 포함되지 않는다. 그러나 이점이 핵심인데, 유전적 불변성의 내용은[5] 사람이나 쥐나 거의 같다.[6] 사실은 모든 포유류에게 있어 그러하다. 그러므로 우리가 이제까지 규정하고자 했던 저 두 크기는[7] 이제 확연히 서로 구분된다.[8]

이러한 사실은 생명체를 특징짓는 것으로 우리가 찾아낸 세 가지 속성(합목적성, 자발적 형태발생, 불변성) 사이의 관계에 관한 아주 중요한 물음을 던진다. 이 세 가지 속성은 앞에서 사용한 프로그램을 가지고 차례차례로 그리고 서로 **독립적으로** 찾아낸 것들이지만, 이러한 사실이 이 세 가지 모두가 보다 근본적이고 비밀스러운 유일한 하나의 속성—따라서 직접적인 관찰에 의해서는 잘 드러나지 않는 속성—의 세 가지 서로 다른 표현이 아님을 증명하는 것은 아니다. 만약에 정말로 그러하다면, 이 세 가지를 서로 구별하는 것은, 즉 이들 각각에게 서로 다른 규정을 찾아주려 하는 것은, 한갓 환상이나 자의恣意가 될 뿐이다. 진짜배기 문제를 명확히 밝히거나 '생명의 비밀'을 잘 드러내거나 분석하기보다는, 오히려 그것을 내쫓는 격이 될 것이다.

5· 즉 불변적으로 유전되는 내용은.

6· 세대를 거쳐 불변적으로 유전되는 주체인 유전자의 경우, 쥐의 유전자나 사람의 유전자나 서로 거의 똑같다는 말이다.

7· 불변성과 합목적성의 크기는.

8· 인간에게 있는 '불변성'의 크기는 다른 동물종들에게 있는 그것과 거의 같은 반면, 인간에게 있는 '합목적성'의 크기는 다른 동물종들의 그것에 비해 현격하게 크다. 그러므로 인간에게서 '불변성'과 '합목적성'이라는 두 양적 크기는 서로 뚜렷이 구분된다.

모든 생명체들에게서 이들 세 가지 속성이 서로 긴밀히 연관되어 있다는 것은 참으로 사실이다. 유전적 불변성은 (생명체의) 구조의 자발적 형태발생을 통해서만 자신을 드러내며, 이렇게 자발적으로 형태발생된 구조가 '합목적적인 장치appareil téléonomique'가 되는 것이다.

그런데 이 세 가지 속성의 위상이 똑같지 않다는 것은 언뜻 보아도 알 수 있다. 불변성과 합목적성은 실제로 생명체를 특징짓는 '속성'에 해당하지만, 자발적인 구조형성은 속성이라기보다는 차라리 어떤 메커니즘으로 간주되어야 한다. 이어지는 다음 장들에서 우리는 이 메커니즘이 합목적적인 구조의 구축에서와 마찬가지로 불변적 정보의 복제에도 관여하는 것을 보게 될 것이다.

결국 이 하나의 메커니즘에 의해 나머지 두 속성 모두가 설명되는 것이다. 그렇다고 해서 이 사실이 두 속성을 하나로 간주해야 한다는 의미인 것은 아니다. 이 두 속성을 구분하는 것은 여전히 가능하며 또한 실제로 방법론적인 차원에 있어서는 불가결하기도 하다. 여기에는 다음과 같은 여러 이유가 있다.

1. 불변적 복제의 능력은 지녔으나 합목적적인 장치는 갖추지 않은 대상을 적어도 상상할 수는 있다. 결정結晶구조가 이러한 예다. 물론 생명체에 비해 그 복잡성의 수준이 훨씬 낮긴 하지만 말이다.

2. 합목적성과 불변성 사이의 구분은 단순한 논리적 추상이 아니다. 다름 아닌 화학적 고찰이 이 구분을 정당화해준다. 실로 생물학적으로 필수적인 두 종류의 고분자인 단백질과 핵산 중, 단백질은 거의 모든 합목적적인 구조와 작용을 전담하며, 유전적 불변성은 전적

으로 핵산과만 관련된다.

3. 다음 장에서 살펴보겠지만, 생명세계에 대한, 또한 생명세계가 우주의 나머지 세계와 맺고 있는 관계에 대한 모든 (종교적 · 과학적 · 형이상학적) 이론들은 이 구분을 명시적으로든 비명시적으로든 받아들이고 있다.

• • •

생명체들이란 이상한 존재들이다. 어느 시대를 막론하고 인간은 언제나 이 사실을 다소간 막연하게나마 알고 있었다. 17세기부터 시작해 19세기에 이르러 활짝 만개한 과학의 발전은 이 '이상하다'는 인상을 해소시키기는커녕 오히려 한층 더 강하게 심어주었다. 모든 거시적 체계들을 지배하는 물리적 법칙들에 비추어볼 때, 생명체들의 존재는 하나의 역설paradoxe을 이루는 것처럼 보인다. 즉 현대 과학이 의거하고 있는 몇몇 근본적인 원리들을 위반하는 듯이 보인다. 대체 어떤 원리들을 위반한다는 것일까? 이것들이 어떤 것들인지는 즉각적으로 분명하게 보이지는 않는다. 그러므로 이 역설의, 혹은 이들 역설들의 본성이 무엇인지를 정확히 분석하는 것이 중요하다. 이 분석을 통해서 우리는 생명체를 특징짓는 본질적인 두 가지 속성(복제적 불변성과 합목적성)이 물리적 법칙들에 대해 갖는 지위가 무엇인지를 정확하게 규명하는 기회를 얻게 될 것이다.

불변성의 역설

실제로 불변성이라는 속성 자체가 이미 근본적으로 대단히 역설적이다. 왜냐하면 고도의 질서를 갖춘 어떤 구조가 유지되고 복제되고 증식된다는 것은 열역학 제2법칙과 상치되는 것처럼 보이기 때문이다. 이 법칙에 따르면, 모든 거시적인 계系는 그것의 질서가 상실되는 방향으로 전개될 수 있을 뿐이다.◆

하지만 이 법칙의 이러한 예언은 오직 에너지적으로 고립된 어떤 계의 전체적인 전개에 대해서만 타당하고 옳다. 이러한 계의 전체적인 전개는 이 법칙에 한시도 그치지 않고 지속적으로 복종하면서도, 이러한 계 내의 어떤 부분적인 영역에서는 질서를 갖춘 구조가 형성되고 생장하는 일이, 즉 질서가 증가하는 일이 가능하다. 이에 대한 가장 좋은 예로서 포화용액의 결정석출結晶析出 작용을 들 수 있다. 이 계의 열역학은 잘 알려져 있다. 애초에 무질서하게 흩어져 있던 분자들이 완전한 질서를 갖춘 결정조직으로 모여드는 것은 질서가 부분적으로 증가하는 것이지만, 이러한 부분적인 질서의 증가는 결정상結晶相에서 용액으로 열에너지가 전이된 대가代價로 이뤄진 것이다. 즉 이 계 전체의 엔트로피(무질서)는 열역학 제2법칙이 명하는 양만큼 증가하는 것이다.

이러한 예는 어떤 고립된 계 내부의 부분적인 영역에서의 질서

◆   부록 4 참조.

의 증가가 열역학 제2법칙과 양립 가능하다는 점을 보여준다. 하지만 우리는 어떤 유기체가—심지어 가장 단순한 유기체라 할지라도—나타내는 질서의 정도는 어떤 결정이 나타내는 질서의 정도보다 도저히 비교할 수 없을 만큼 고도로 발달된 것이라고 말하였다. 그러므로 이처럼 고도로 발달된 질서의 불변적인 보존과 증식도 마찬가지로 열역학 제2법칙과 양립 가능한가를 물어보아야 한다. 이는 방금 전 결정석출의 실험과 아주 유사한 한 실험을 통해서 확인할 수 있다.

글루코스(포도당)와 같은 단순한 당糖과 무기염無機鹽—생명체의 화학적 성분 조성에 필수불가결한 원소들(질소, 인, 유황 등)을 포함하는 무기염들—몇 밀리그램이 1밀리리터의 물속에 용해되어 있다고 하자. 이 배양기培養基 속에 이를테면 대장균(길이 1미크론, 무게 약 5×10^{-13}그램)과 같은 박테리아를 한 개 심는다고 가정하자. 36시간 내에 그 용액에는 수십억의 박테리아가 생긴다. 이런 과정 가운데 당의 40%는 세포 성분으로 전환되며, 나머지는 산화되어 이산화탄소(CO_2)와 물(H_2O)이 된다. 이 실험 전체를 칼로리미터(열량계) 속에서 행하면, 이 반응에 대한 열역학적 계산을 할 수 있게 되어, 계 전체의 엔트로피는, 결정화작용cristallisation의 경우에서와 마찬가지로, 제2법칙에 의해 정해진 최소치보다 조금 더 증가되었음을 알 수 있다. 그러므로 박테리아 세포가 나타내는 극도로 복잡한 구조는 단지 보존될 뿐만 아니라 수십억 배로 증가하였지만, 이런 일이 일어나기 위해 필요한 열역학적 비용은 완전히 지불된 것이다.

따라서 이 경우에도 열역학 제2법칙에 대한 어떤 정의할 수 있거나 측정할 수 있는 위반은 일어나지 않는다. 그럼에도 불구하고 이러한 현상을 목도하면, 우리의 물리적 직관은 어쩔 수 없이 당황하게 되고 이전보다 훨씬 더 큰 이상함을 느끼게 된다. 왜 그런가? 바로 이 과정은 제2법칙에 거역하여, 세포의 수를 증식시키는 방향으로 진행되기 때문이다.[9] 물론 세포는 열역학의 법칙들을 위반하지 않는다. 오히려 그 반대다. 하지만 세포는 이 법칙에 복종하는 것에 그치지 않고, 그것을 넘어서, 마치 숙련된 기술자인 양 최대한 효율적으로 이 법칙들을 이용한다. 즉 하나의 세포가 둘이 되고자 하는 모든 세포의 '꿈'(프랑수아 자코브의 표현이다)을 실현하는 것이다.

합목적성과 객관성의 원리|le principe d'objectivité

나중의 한 장에서 우리는 이 의도를 실현하는 데 필요한 화학적 기계장치가 얼마나 복잡하면서도 정교하고 효율적인가를 살펴볼 것이다. 실제로 이 의도가 실현되는 데에는 서로 다른 수백 개의 유기적 성분들이 합성되어야 하며, 또 이 성분들이 수천 종의 고분자들로 조립되고, 필요한 때에 당(糖)의 산화로 인해 해방되는 화학적 포텐셜

---

9 · 열역학 제2법칙에 따르면 시간의 흐름과 함께 무질서(엔트로피)가 증가하므로—즉 질서가 상실되므로—따라서 이 실험에서 세포의 구조적 질서도 상실되어야 정상일 것 같은데, 실제로는 그 반대로 구조적 질서를 갖춘 세포의 수가 증가했기 때문에—즉 질서가 오히려 증가했기 때문에—이렇게 말하는 것이다.

potentiel chimique을 동원하고 사용할 수 있어야 하며, 세포 내 소기관을 구축하는 것이 필요하다. 그런데도 저러한 '구조의 불변적 복제'가 일어나는 데에는 어떠한 물리적인 역설도 존재하지 않는다. 불변적 복제에 필요한 열역학적 대가代價는 조금도 틀림없이 지불되는 것이다. 이는 생명체의 합목적적 장치 덕분인데, 이 합목적적 장치는 너무나 완벽하여, 칼로리를 절약하면서도 지극히 복잡한 과정을 수행함으로써 인간이 만들어낸 어떠한 기계와도 견줄 수 없을 만큼 대단한 성과를 거두어낸다. 이 합목적적 장치는 완전히 논리적이고, 놀라울 정도로 합리적이며, '구조적 규범의 보존과 복제'라는 자신의 의도를 실현하는 데 완전히 적합하다. 그리고 더욱이 생명체는 이러한 일을 수행하는 데 물리적인 법칙들을 거스르지 않고, 오히려 자신의 사사로운 이익을 위해 이러한 법칙들을 이용한다. 이런 합목적적 장치에 의해 추구되고 실현되는 이와 같은 의도가 존재한다는 것 자체가 '기적'이다. 기적이라고? 아니다. 진짜 문제는 물리적 법칙들과 관련된 차원에서가 아니라 그보다 훨씬 더 깊은 차원에서 벌어진다. 진짜 문제는 이 현상을 바라보는 우리의 이성, 우리의 직관과 관련하여 벌어진다. 실제로 여기에 있는 것은 어떤 역설이나 기적이 아니라 어떤 '지식의 논리'상의 명백한 모순contradiction épistémologique이다.

과학의 방법은 '자연의 객관성'이라는 공리 위에 근거를 두고 있다. 즉 현상을 설명하는 데 어떤 목적인目的因, cause finale이나 '의도'를 끌어들이는 모든 해석은 '참된' 인식에 도달하지 못하는 것으로 체계적으로 거부하는 게 과학이다. 이런 원리가 언제부터 발견된 것인지도 정확히 규정할 수 있다. 바로 갈릴레이와 데카르트가 관성(불활성不活性)의 원리principe d'inertie를 제정한 때로, 이 원리는 단순히 역학mécanique의 기초만을 이루는 것이 아니라, 아리스토텔레스의 자연학과 우주론을 배격함으로써, 현대 과학의 '지식의 논리'의 기초를 이루고 있는 것이다. 물론 데카르트 이전의 사람들에게도 아리스토텔레스의 세계관에 맞서보려는 생각에 이르게 하는 이유나 논리, 경험(실험)이 부족했던 것은 아니다. 하지만 오늘날 우리가 이해하는 과학이란 결코 이런 정도의 기반 위에서는 구축될 수 없었다. 과학이 구축되기 위해서는 '객관성의 공리'가 부과하는 엄격한 검열을 통과해야 했다. 물론 이 공리는 말 그대로 순전히 공리일 뿐이고, 따라서 그 자체로서는 그것이 참인지 아닌지 영원히 입증될 수 없다. 왜냐하면 그곳이 세계의 어디이든, 어떤 의도나 목적이 세계에 '존재하고 있지 않음non-existence'을 증명할 수 있는 실험을 생각해낸다는 것은 명백히 불가능하기 때문이다.

하지만 이 객관성의 공리는 현대 과학과 한 몸을 이룬다. 이 공리는 지금부터 300년 전(17세기) 이래로 현대 과학의 모든 경이로운 발전을 이끌어왔다. 아무리 잠정적이라고 할지라도 혹은 아주 제한된 범위에서라고 할지라도, 이 원리를 벗어나는 것은 곧 과학 자체의 원리를 벗어나는 것과 마찬가지다.

하지만 이러한 객관성의 공리 때문에 우리는 생명체의 합목적적인 성격을 특기하게 된다. 생명체란 그 구조나 활동에 있어서 어떤 의도를 실현하며 추구하는 것이라는 점을 인정하지 않을 수 없으니 말이다. 그러므로 여기에는, 적어도 외견상으로는, 아주 심각한 '지식의 논리'상의 모순이 존재한다. 생물학의 중심 문제는 바로 이 모순 자체다. 만약 이 모순이 외견상으로만 모순으로 보이는 것뿐이라면, 그것을 해결할 수 있어야 할 것이고, 그렇지 않고 이 모순이 정말로 모순이라면, 그것이 근본적으로 해결 불가능하다는 점을 증명해야 할 것이다.

02

생기론^{生氣論}과 물활론^{物活論}

불변성과 합목적성 사이의 우선^{優先} 관계 : 근본적인 딜레마

생명체의 합목적적 속성이 근대 인식론의 근본을 이루는 공리들 중 하나에 의문을 제기하면서, 모든 철학적·종교적·과학적 세계관은 이 문제에 대해 반드시 함축적으로든 명백하게든 해결책을 제시하고 있다. 그리고 이 모든 해결책들은, 모두들 불가피하게, 생명체를 특징짓는 이 두 속성(불변성과 합목적성) 중에 어느 것이 상대적으로 인과적으로나 시간적으로 우선하는지에 대해 각자 나름의 가설을 포함하고 있다.

우리는 현대 과학의 눈으로 볼 때 유일하게 받아들일 만한 가설은 어떤 것인지, 이 가설을 어떻게 정당화할 수 있는지를 나중의 한 장에서 다룰 것이다. 이 가설은 불변성이야말로 필연적으로 합목적성에 우선한다고 주장한다. 보다 더 명확하게 말하자면, 이 가설이란 다윈이 제시한 생각이다. 점점 더 고도로 발달되어가는 합목적적 구조들이 출현하고 진화하고 점진적으로 개선되어 나갈 수 있었던 것은, 이미 불변성이란 속성을 소유하고 있는 어떤 구조에—따라서이 구조는 '우연을 보존할 수 있고', 바로 그렇기 때문에 이 우연의 결과들을 자연선택의 작용에 내맡길 수 있다—많은 우연인 요란搖亂, perturbation들이 계속해서 돌발적으로 발생해왔기 때문이라고 다윈은 생각한다.

물론 내가 여기서 짧게 교조적으로 말한 이 이론이 다윈 자신의 이론 그대로인 것은 아니다. 다윈은, 즉 그가 살던 시대에는, 복제적 불변성의 화학적 메커니즘은 물론 이 메커니즘이 겪는 우연적 요란들에 대해 아무것도 알지 못했다. 진화에 대한 다윈의 자연선택설은 이러한 화학적 지식을 알게 된 20년 남짓 이전부터에야 비로소 그 자신의 모든 의미와 정확성, 확실성을 드러내기 시작했다. 하지만 이러한 사실을 확인하는 것이 결코 다윈의 천재성을 부인하는 일은 되지 않을 것이다.

자연선택설은, 불변성을 일차적인 속성으로 생각하고 합목적성을 불변성으로부터 파생되어 나온 이차적인 속성으로 생각함으로써, 이제까지 제시된 여러 이론들 가운데 유일하게 '객관성의 공리'에 부합하는 이론이 된다. 이 이론은 또한 현대 물리학과 부합할 수 있는 이론일 뿐만 아니라, 더할 것도 더 뺄 것도 없이 현대 물리학에 기초하고 있는 유일한 이론이기도 하다. '자연선택에 의한 진화'라는 이론이야말로 생물학에 '지식의 논리'상의 정합성cohérence épistémologique

을 갖게 해줌으로써, 생물학을 '객관적인 자연Nature objective'을 다루는 학문들의 반열에 들게 해준다. 물론 이러한 사실을 말해두는 것이 분명히 이 이론을 옹호해줄 강력한 논증이 될 수는 있겠지만, 이 이론을 완전히 정당화하기에는 아직 부족함이 있다는 것을 나는 잘 알고 있다.

생명체의 이상함을 해명하기 위해 제시된 그 밖의 모든 이론들은—명백하게 이 문제를 위해 제시된 이론이거나 혹은 종교적 이데올로기들이나 거대한 철학적 체계들 속에서 이 문제와 관련될 수 있는 함축적인 생각들은—이와 반대되는 가설을 취하고 있다. 이들 이론들은 어떤 시원적始原的인 합목적적 원리가 먼저 있고, 이 원리에 의해 불변성이 안전하게 지켜지고 개체발생이 유도되어 진화의 방향이 정해진다고 생각한다. 즉, 이 모든 현상들은 시원적인 합목적적 원리가 발현되는 모습들이라는 것이다. 이번 장의 나머지 부분에서 나는 이러한 해석들의 논리에 대해서 대략적으로 분석하려 한다. 이들 해석들은, 겉보기에는 서로 매우 다른 것들처럼 보이지만, 모두들—부분적으로나 통째로나, 스스로 인정하거나 그렇지 않거나, 의식적으로거나 그렇지 않거나—'객관성의 공리'를 저버린다는 데서 일치한다. 나는 분석의 편의를 위해서, 이들 해석들을, 그들이 끌어들이는 합목적적 원리의 본성과 이 원리가 미치는 범위를 기준으로 하여, 두 개의 큰 무리로 분류하려 한다. 물론 이런 분류는 자의적인 것이라 말할 수 있다.

이렇게 하여 첫 번째 무리는 어떤 합목적적 원리가 명백하게 단지 생명계 내에서만, 즉 '살아 있는 물체들' 내에서만 작용한다고 인정하는 무리로 정의할 수 있다. 내가 '생기론적vitaliste'이라고 부르게 될 이들 이론들은 그러므로 생물과 무생물 사이에 근본적인 구별을 둔다.

다른 한편, 두 번째 무리는 어떤 **보편적인 합목적적 원리**를 끌어들이는 무리다. 이 보편적인 원리는 생명계의 진화뿐만 아니라 우주 전체의 진화 역시 이끈다. 이들에 따르면 생명계의 진화와 우주 전체의 진화 사이의 차이란 이 원리가 전자에게서 보다 정확하고 강렬한 방식으로 자신을 표현한다는 것뿐이다. 이 이론들은 우주 전체의 보편적인 진화는 미리 정해져 있는 방향을 향해 이뤄진다고 보며, 생명체들을 이러한 보편적 진화가 만들어낸 가장 공들인 산물들로, 곧 가장 완성된 산물들로 생각한다. 이러한 보편적 진화의 최종적인 도달점이 바로 인간(혹은 인간성)이다. 즉 이러한 보편적 진화가 인간에게 도달하게 된 것은, 원래부터 인간에게 최종적으로 도달하도록 그 방향이 미리 정해져 있었기 때문이다. 내가 앞으로 **'물활론적**animiste'이라고 부를 이런 생각들은 많은 점에서 생기론적 이론들보다 훨씬 더 흥미롭다. 이에 나는 생기론적 이론들에 대해서는 그 간략한 개요만을 제시하려 한다.◆

◆　내가 사용하는 '물활론적'이라는 말과 '생기론적'이라는 말은 이 말들이 사용되는 보통의 의미와는 조금 다르게 사용되고 있음을 알 수 있을 것이다.

· · ·

생기론적 이론들 중에서도 여러 다양한 경향들이 있다. 여기서는 내가 각각 '형이상학적 생기론'과 '과학적 생기론'이라고 부를 두 개의 경향을 서로 구분하는 것으로 만족하자.

형이상학적 생기론

형이상학적 생기론의 가장 저명한 추진자는 의심할 바 없이 베르그송이다. 논리는 결여하고 있을망정 시적 요소는 넘치도록 갖추고 있는 그 은유 가득한 변증술과 매력적인 필치 덕분에, 그의 철학은 엄청난 성공을 거두었다. 오늘날에는 이 철학이 거의 완전한 불신 속으로 떨어진 것처럼 보이지만, 내가 젊었을 때만 해도 그의『창조적 진화』를 읽지 않고서는 대학입학 시험을 통과할 수 없을 정도였다. 이 철학은 생명을 어떤 '약동^{élan}'이나 '흐름^{courant}'으로 생각하는 것에 전적으로 근거하고 있음을 기억해야 한다. 이렇게 생각되는 생명은 생명 없는 물질$^{matière\ inanimé}$과 근본적으로 구분되는 것으로서, 물질과 다투고 그것을 '주파하여' 유기적으로 조직화되도록 만든다. 그런데 거의 모든 다른 생기론자들과는 달리, 베르그송의 생기론은 목적론적이지 않다. 베르그송은 생명의 본질적인 자발성을 어떤 결정론의 테두리 안에 가둬두는 것을 거부한다. 진화란 곧 생의 약동$^{élan\ vital}$으로서, 어떤 목적인^{目的因}이나 작용인^{作用因}도 갖지 않는다. 인간은 물론 진화가 도달한 최고의 단계지만, 진화란 결코 인간을 목적으로 지향하여 이뤄지지 않았고, 인간에게 도달하게 될 것이 처음부터 예정되어 있던 것도 아니었다. 차라리 인간이란 창조적인 '생의 약동'의 완전한 자유가 드러난 것이고 이 완전한 자유를 증언하는 것이다.

이러한 생각에다 베르그송은 자신이 근본적이라고 생각하는 또 다른 생각을 연결 짓는다. 합리적인 지성intelligence rationnelle은 단지 비생명적인 물질matière inerte을 지배하는 데에만 특별하게 적합한 인식의 도구일 뿐, 생명의 현상들을 이해하는 데에는 완전히 무능하다는 생각이 그것이다. 오로지 '생의 약동'과 한 몸을 이루는 본능만이 생명 현상들에 대한 직접적이면서도 전체적인 직관을 줄 수 있다. 그러므로 생명에 대한 모든 분석적 · 지성적 논의들은 모두 무의미한 것이 되고, 주제에 맞지 않는 논의 방법이 된다. 호모 사피엔스에게 일어난 합리적 지성의 높은 발달은 거꾸로 인간의 직관 능력을 통탄해야 할 만큼 크게 퇴화시켰으며, 오늘날 우리들은 이 퇴화된 직관 능력이 본래 가지고 있던 풍부한 잠재력을 되찾아야 한다는 것이다.

나는 이 철학을 논박할 생각은 없다(이 철학은 본래 논박되지도 않는다). 논리에 갇혀 살 뿐, 전체적인 직관의 능력에 있어서는 초라하기 그지없는 나 같은 사람은 이런 철학을 논박할 능력이 없다. 그렇기는 하지만 내가 베르그송의 입장을 전혀 무의미하다고 생각하는 것은 아니다. 오히려 그 반대다. 합리적인 것에 대해 의식적으로건 무의식적으로건 반항하는 것은, 다시 말해 에고Ego를 저버리고 이드Id를 중요시하는 것은[10] (창조적 자발성을 중요시하는 데 대해서는 굳이 말할 것도 없다), 우리 시대의 특징이다. 만약 베르그송이 보다 불분명한 언어와 보다 '심원한' 문체를 사용하였더라면, 그는 오늘날까지도 읽히고 있을 것이다.[11]··◆

• • •

과학적 생기론

'과학적' 생기론자들은 꽤 많으며, 이들 가운데는 탁월한 학자들도 여러 명 있다. 그런데 50여 년 전만 하더라도 이러한 생기론자들은 생물학자 중에서 나온 반면(이 중 가장 유명한 이는 드리슈Driesch로, 그는 발생학을 버리고 철학으로 돌아섰다), 현대의 생기론자들은 주로 물리학 분야에서 나온다. 엘자서M. Elsässer나 폴라니M. Polanyi가 대표적인 인물이다. 이를 보아, 물리학자들이 생물학자들보다도 생명체의

---

10 · 에고와 이드는 프로이트 정신분석학의 중요한 개념이다. 여기서는 이드(Id, 거시기)를 '본능적인 직관이나 충동'을 가리키는 말로, 에고(Ego, 자아)를 '합리적인 지성'을 가리키는 말로 이해하면 충분할 것이다.

11 · 조롱조의 말이다.

◆ 물론 베르그송의 생각에는 어떤 모호함이나 겉으로 드러나는 모순이 없는 것이 아니다. 예컨대, 베르그송의 생각이 본질적으로 이원론적인지에 대해 의문을 제기할 수 있을 것이다. 베르그송의 이원론이라는 것이 보다 원초적인 어떤 일원론으로부터 파생되어 나오는 것으로 생각해야 하지 않을까라고 말이다[C. 블랑쇼의 사신(私信)]. 나는 여기에서 베르그송 사상의 지엽말단까지 분석하려 하는 것이 아니며, 단지 생명체의 이론과 관련된 그의 철학의 가장 직접적인 함의만을 분석하려 할 뿐이라는 것을 알아주기 바란다.

'이상함'에 더 크게 놀랐던 것 같다. 예컨대, 엘자서의 입장은 대략적으로 다음과 같다.

불변성이나 합목적성과 같은 이상한 속성들은 물론 물리학을 위반하지는 않는다. 그러나 이러한 속성들은 결코 비생명계에 대한 연구에서 드러나는 물리적 힘들이나 화학적 상호작용들을 가지고는 완전히 설명되지 않는다. 그러므로 '살아 있는 물질(생명체)' 속에는 물리학의 원리들 이외에도 또 다른 원리들이 덧붙여져 작용한다고 인정하는 것이 불가피하다. 반면 이러한 또 다른 원리들은 비생명계들에서는 작용하지 않으므로, 이들에게서는 발견될 수 없는 것이다. 그러므로 이러한 또 다른 원리들을(이를 엘자서는 '비오토닉biotoniques 법칙들'이라 명명한다) 연구해야 하는 것이다.

위대한 닐스 보어Nils Bohr도 이러한 가설들을 거부하지 않은 것 같다. 다만 닐스 보어는 이러한 원리들의 필요성을 증명할 만한 증거를 제시할 수 있다고 주장하지는 않았다. 정말로 이러한 원리들은 필요한 것일까? 결국 모든 것은 이 문제에 달려 있다. 이런 원리들이 필요하다고 특히 주장하는 이는 엘자서와 폴라니 같은 사람들이다. 그러나 이들 물리학자들의 논변은 기이하리만큼 엄밀성과 확고함을 결여하고 있다.

이들의 논의는 생명체의 두 가지 이상한 속성 각각을 다루고 있다. 우선 불변성에 관해 말하자면 오늘날 이 메커니즘은 너무나 잘 알려져 있기 때문에, 불변성을 이해하는 데 그 어떤 비-물리적 원리도 필요하지 않음을 단언할 수 있다(6장 참조).

남은 것은 합목적성, 혹은 더 정확하게 말해 합목적적 구조들을 구축해내는 형태발생의 메커니즘이다. 배胚의 발생은 실로 생물학 전체를 통틀어 가장 기적적으로 보이는 현상들 중 하나다. 또한 발생학자들이 경탄할 만큼 훌륭하게 묘사한 이들 현상은, 아직까지 그 대부분이 (기술技術적인 이유로 인해) 유전학적 분석과 생화학적 분석의—이들이야말로 유일하게 이 현상들을 해명해줄 수 있는 것임에도—손길을 벗어나 있다. 그러므로 물리적 법칙들만으로 배의 발생을 설명하는 것은 불충분하다고—혹은 불충분하다는 것이 밝혀졌다고—생각하는 생기론자들의 입장은, 명확한 지식이나 주의 깊은 관찰에 의해서가 아니라 단지 우리가 현재 처한 무지로 인해 정당화되고 있을 뿐이다.

반면 세포의 활동 및 성장을 규제하는 분자 차원의 사이버네틱 메커니즘에 대한 우리의 지식은 괄목할 만한 진전을 이뤄왔으며, 아마도 가까운 장래에 배의 발생을 해석하는 데 크게 기여할 것이다. 우리는 4장에서 이 메커니즘에 대해 논의할 것이다. 그때 생기론자들이 내세우는 몇몇 논변을 다시 살펴보도록 하자. 생기론이 살아남기 위해서는 생물학 내에 진정한 역설이나, 혹은 역설까지는 아니더라도 적어도 '미스터리' 정도는 남아 있어야 한다. 분자생물학에서 최근 20여 년 사이에 일어난 발전은 미스터리가 남아 있을 영역을 크게 축소시켜버렸다. 이제 생기론적 사변에 남겨진 영역이라고는 고작 주관성의 영역, 즉 의식 자체의 영역 정도다. 하지만 우리는 큰 위험 없이 다음과 같이 말할 수 있다. 이 마지막 남은 영역에서도 생기론적 사변은 얼마 가지 않아 곧, 지금까지 그것이 손을 대었던 다른 영역들에서와 마찬가지로, 그 불모성^{不毛性}을 드러내고 말 것이라고.

· · ·

물활론적인 사고는 인류의 유아기까지, 즉 아마도 호모 사피엔스가 출현하기 이전 시기까지 거슬러 올라가는 것이지만, 현대인의 영혼 속에서도 아직까지 깊고 생생하게 뿌리박혀 있다.

'물활론적 투영'la projection animiste'과 '옛날의 결속'l'ancienne alliance'[12]

우리의 조상들이 설령 그들 자신을 이상한 존재라고 느낄 수 있었다 하더라도, 그것은 단지 아주 어렴풋한 느낌이었을 것이다. 그들은 눈앞에 펼쳐진 우주에 대해서 그들 자신이 이상하게 느껴질 이

---

12 · '옛날의 결속(l'ancienne alliance)'이란 말은 인간을 우주 전체의—혹은 우주 전체를 주관하는 어떤 주인의—뜻에 따라 존재하게 된 '우주의 아들'로서 생각한, 오래전부터 이어져 내려온 생각을 지칭하기 위해서 사용된 것이다. 아들과 아버지의 관계는 둘이 하나되는 관계일 것이므로, 이 점을 가리키기 위해 '결속(alliance)'이란 말을 사용하는 듯이 보인다. 과학이 발달하면서 이제는 이런 생각이 더 이상 환상에 지나지 않는다는 것이 밝혀졌으므로, 구식(舊式)이라는 뜻에서 '옛날의'란 말을 사용했을 것이다. 'Ancienne Alliance'처럼 머리글자를 대문자로 쓰면, 기독교의 '구약'을 가리키는 말이 된다. '구약'이란 하느님 아버지와 아들 인간이 하나로 결속될 수 있는 방식에 대한 옛날의 약속이란 뜻일 게고, '신약'이란 이 '구약'을 대신할 새로운 약속이라는 뜻일 게다. 모노가 보기에는, 기독교의 신약도 구약과 마찬가지로 모두 이제는 버려야 할 옛날의 잘못된 약속, 즉 거짓된 환상에 근거한 '옛날의 결속'에 지나지 않는다.

유—오늘날의 우리들은 가지고 있을 이유—를 갖고 있지 않았다. 그들이 우주에서 가장 먼저 본 것은 무엇일까? 식물과 동물이다. 즉 그들이 단번에 그들 자신과 유사한 본성을 가졌다고 짐작할 수 있는 존재들이다. 식물들은 성장하고, 햇빛을 찾으며, 죽는다. 동물들은 먹이를 사냥하며, 적들을 공격하고, 자신들의 자손들을 보호한다. 수컷들은 암컷을 차지하기 위해 서로 다툰다. 인간 자신과 마찬가지로, 식물들이나 동물들은 아주 쉽게 설명되는 것들이다. 이들은 '생존'이라는 의도(목적)를 가지고 있다. 설령 자기 자신은 죽는다 하더라도 자신의 자손들을 통해서 살아남는다는 의도(목적) 말이다. 이 의도가 그들의 존재를 설명하는 것이며, 그들의 존재는 이 의도에 의해서만 의미를 갖는다.

하지만 우리의 조상들은 이들 외에도 주위에는 다른 대상 또한 존재한다는 것을 보게 된다. 바위나 강, 산, 폭우, 비, 각종 천체와 같은 대상들은 훨씬 더 미스터리한 것들이다. 이들도 존재하는 것이라면, 이들 역시 어떤 의도를 위해 존재하는 것이어야 한다. 이들도 어떤 의도를 키워나가기 위한 영혼을 갖고 있어야 하는 것이다. 바로 이런 방식으로 우리 조상들은 우주의 낯설음을 해결해나갔을 것이다. 이들에게 영혼이 없는 대상(무생물objets inanimés)이란 존재하지 않는다. 그런 것은 이해 불가능하기 때문이다. 강의 깊은 곳이나 산의 높은 정상에서는 보다 비밀스러운 영혼들이, 인간들이나 동물들이 가진 의도—그 의도의 내용이 무엇인지를 투명하게 알 수 있는 의도—보다 훨씬 더 광대하고 심오한 의도를 갖고서 존재한다. 이렇게 하여 우리 조상들은 자연의 여러 형태나 사건들로부터, 인간과는 전혀 상관없는 무관심한 현상이 아니라, 인간에게 호의적이거나 혹은 적대적인 힘들의 작용을 보게 된 것이다.

물활론은 (내가 여기서 정의하는 대로의 물활론은) 본질적으로, 자기 자신의 중추신경계가 고도로 합목적적으로 기능한다는 것을 의식하는 인간이 이러한 의식을 영혼이 없는 자연에 투영投影하는 데서 성립한다. 달리 말하자면, 자연 현상들이 결국 인간의 주관적 행위—의식적으로 이뤄지고 의도적 기획에 따라 이뤄지는 인간의 주관적 행위—와 똑같은 방식, 똑같은 '법칙들'로 설명될 수 있고 설명되어야 한다고 가정하는 것이다. 원시적인 물활론은 이런 가정을 완전히 소박하고 솔직하며 명확하게 표현하였으며, 이로써 자연을 감미롭고 무서운 신화들로 가득 차게 했다. 이러한 신화들은 수 세기에 걸쳐서 예술과 시작詩作의 자양분이 되었다.

이런 생각에 대해서, 어린아이 같은 천진한 상상을 대할 때나 보이는 아량과 부드러움을 갖고서 그저 웃어넘길 수 있다고 생각한다면 오산이다. 정말로 현대 문화는 자연에 대한 이러한 주관적 해석을 진정으로 내던져버렸다고 할 수 있는가? 물활론은 자연과 인간 사이에 아주 심원한 결속을 맺어놓는다. 이 결속을 벗어난 바깥에는 오직 가공할 만한 고독만이 펼쳐져 있는 것처럼 보인다.[13] '자연의 객관

---

13 · 자연을 이해하는 데 있어서 데카르트의 기계론적 세계관이 거둔 승리—아리스토텔레스의 목적론적 세계관에 대한 승리—를 바라보며 파스칼은 다음과 같은 비탄 어린 말을 했

성'의 공리가 요구하는 대로, 이러한 유대紐帶를 깨뜨려야만 하는 것일까? 17세기 이후의 사상사의 전개는, 이러한 유대의 붕괴를 피하고 '옛날의 결속'의 반지를 다시 만들어내기 위해 가장 위대한 정신들이 얼마나 헌신적인 노력을 기울였는가를 증언하고 있다. 예컨대 라이프니츠가 기울인 굉장한 노력을 생각해보라. 혹은 헤겔에 의해 세워진 거대하고 육중한 건축물을 생각해보라. 하지만 이런 관념론idéalisme만이 우주적 물활론이 구할 수 있었던 유일한 안식처였던 것은 아니다. 과학에 의거한다고 자처하는 몇몇 이데올로기들의 한가운데에서도 우리는 물활론적인 투영이 다소간 숨겨진 방식으로 여전히 존재하고 있음을 찾아낼 수 있다.

과학주의적 진보론

테야르 드 샤르댕Teilhard de Chardin의 생물학적 철학은, 만약 그것이 과학계에서까지 거두었던 그 놀라운 성공이 아니었더라면, 굳이 논의할 만한 가치가 없다. 이 철학의 성공은 사람들의 불안을, 즉 자연과의 물활론적 결속을 다시 맺어야 한다는 필요성을, 사람들이 느

다. "이 무한한 공간의 영원한 침묵이 나를 두렵게 한다. 의식과 목적을 빼앗겨버린 자연은 이제 인간이 무엇을 위해 살든, 그 목적을 위해 어떤 노력을 기울이든, 전혀 아무런 상관도 하지 않는다. 인간은 자신의 삶의 의미에 대해 우주로부터 아무런 말도 듣지 못하는 것이다. 인간은 자신의 삶에 절대적으로 무관심한 우주의 거대한 침묵 속에 둘러싸인 고독한 자신을 발견하게 되는 것이다."

끼고 있음을 증명하는 것이다. 테야르는 실로 단도직입적으로 이 결속을 다시 맺어놓았다. 베르그송의 철학과 마찬가지로, 테야르의 철학은 전적으로 어떤 시원적인 진화론적 원리가 존재한다는 공리 위에 근거한다. 하지만 베르그송과는 달리, 테야르는 진화적 힘이 미립자들로부터 은하계에 이르기까지 온 우주 전체에서 작용한다는 것을 인정한다. '생기 없는' 물질matière 'inerte'이란 없다. 그러므로 물질과 생명 사이에는 아무런 본질적 구분도 없다. 이러한 생각을 '과학적인 것'처럼 제시하기 위한 욕망에서, 테야르는 이 생각을 에너지에 대한 새로운 정의 위에 근거 지우려 한다. 에너지는 이제 말하자면 두 개의 벡터를 따라 나눠진다. 그중 하나의 벡터는 (내가 짐작하기에) '보통의' 에너지인 반면, 나머지 다른 하나의 벡터는 진화적인 상승의 힘에 대응하는 것이다. 생명체들과 인간은 에너지의 정신적인 벡터를 따라 이뤄지는 이러한 상승의 산물들인 것이다. 이러한 진화는 모든 에너지가 이 정신적 벡터를 따라 한 점에 집중될 때까지 지속적으로 이루어진다. 이 한 점이 바로 오메가ω 점이다.

테야르의 논리는 불확실하며 문체에도 그가 힘겹게 고심한 흔적이 드러나지만, 그의 이데올로기를 전부 받아들이지 않는 사람들조차도 그의 작품에는 어떤 시적인 위대함이 있다는 것만큼은 인정한다. 나로 말하자면, 이 철학이 얼마나 지적 엄밀성을 결여하고 있는가를 보고 놀라지 않을 수 없었다. 특히 어떻게 해서든지 화해하고 타협하려는 생각에서 조직적으로 굴종하는 자세를 보인다는 점이 눈에 띈다. 테야르가, 3세기 전에 파스칼이 그 신학상의 절도 없는 포용주의를 공격한 바 있는 수도회의 회원인 것은 아마도 아무런 이유가 없는 것이 아니리라.

물론 자연과의 물활론적인 '옛날의 결속'을 되찾으려는 생각은, 혹은 인간에게까지 이른 생명계의 진화를 우주 전체의 진화와 아무런 단절 없이 연속적으로 이어져 있는 것으로 보려는 보편적인 이론을 통해 '새로운 결속'을 다시 이뤄내려는 생각은, 테야르가 처음 생각해낸 것이 아니다. 사실상 이런 생각은 19세기의 과학주의적 진보론의 중심 생각이다. 이런 생각은 스펜서의 실증주의positivisme의 한가운데에서나, 마르크스와 엥겔스의 변증법적 유물론의 한가운데에서도 찾을 수 있다. 스펜서에 따르면 어떤 알려지지 않은, 또한 알 수도 없는 어떤 힘이 우주 전체에 작용함으로써 다양성과 정합성, 특정한 형태들과 질서를 창조해내는 데, 이러한 힘은 결국 테야르의 '상승하는' 에너지와 정확히 똑같은 역할을 한다. 즉 인간의 역사는 생명계의 진화의 연장이며, 생명계의 진화는 우주 전체 진화의 일부인 것이다. 이런 유일한 원리 덕분에 인간은 마침내 우주 내에서의 그의 탁월하고 필연적인 위치를 되찾게 되었으며,[14] 그에게 언제나 보다 나은 것으로 발전해가는 진보가 약속되어 있다고 확신하게 된 것이다.

---

14 · 하나의 유일한 원리가 물질계에서부터 인간에 이르기까지 우주 전체에서 일어나는 모든 진화를 주관하고 있다. 인간은 우주 전체를 포괄하는 이러한 보편적인 진화가 도달한 최고의 정점(頂點)이기에 우주 내에서 **탁월한** 위치를 차지하고 있는 것이며, 또한 우주 전체의 진화는 처음부터 그 최종적인 완성을 위해 인간을 목적으로 하여 진행되어온 것이기에 인간의 존재는 우주에 있어서 **필연적인** 것이다.

스펜서가 말하는 차이화하는 힘은,[15] 테야르가 말하는 상승하는 에너지와 마찬가지로, 명백하게 물활론적인 투영을 나타낸다. 자연에 어떤 의미를 부여하기 위해서는, 인간이 자연으로부터 측정할 수 없을 만큼 깊은 어떤 심연에 의해서 분리되지 않으며, 자연을 우리가 그의 비의秘意를 판독하고 이해할 수 있는 존재로 만들기 위해서는, 자연에 어떤 의도가 존재하게 만드는 것이 필요하다. 이 의도를 추구하는 어떤 영혼이 있다고 더 이상 (옛날처럼 소박하게) 생각할 수 없게 되었기에, 이제 자연 안에 어떤 진화적인 힘을, 어떤 상승하는 힘을 끼워넣게 된 것이다. 그리고 이것은 실로 '자연의 객관성'의 공리를 포기하는 것이다.

· · ·

변증법적 유물론에서의 물활론적 투영

19세기의 과학주의적인 이데올로기들 가운데 가장 강력하고, 오늘날에 이르기까지 단지 그것을 따르는 많은 추종자들에게뿐만 아니라 그 밖의 많은 광범위한 사람들에게까지도 깊은 영향력을 행사하는 이데올로기는 분명 마르크스주의Marxisme다. 그러므로 마르크스

---

15 · 우주 속에서 **서로 다른 여러 다양한 것들**을 창조해내는 힘이라는 의미에서 '차이화하는 힘 (force différenciante)'이라고 부른 것이다.

와 엥겔스가 그들의 거대한 사회이론의 체계를 자연 자체의 법칙들 위에 근거 지울 것을 원했던 나머지, 스펜서와 마찬가지로 아니 스펜서보다 더 명확하고 의식적으로 '물활론적인 투영'에 호소했다는 사실을 확인하는 것은 특별히 어떤 깊은 심중의 비밀을 까발리는 일이 된다.

내가 보기에, 마르크스가 헤겔의 관념론적 변증법을 유물론적 변증법으로 대체시키려고 했던 저 유명한 '거꾸로 뒤집기inversion'[16]는 다른 방식으로는 해석될 수 없다.

헤겔의 근본적인 주장, 즉 우주의 진화를 지배하는 가장 일반적인 법칙들이 변증법적이라는 그의 주장은 오직 정신만을 항구적이고 진정한 실재로 인정하는 체계 내에서만 제자리를 찾을 수 있다. 만약 모든 사건과 현상들이, 자기 스스로를 생각하는 어떤 이념의 부분적인 발현들일 뿐이라면, 사유의 운동에 대한 주관적인 체험 속에서 우주 전체에 적용되는 보편 법칙들의 가장 직접적인 표현을 찾아내려 하는 것은 정당한 일이 된다. 그리고 이 사유란 변증법적으로 진행되기 때문에, '변증법의 법칙들'이 자연 전체를 지배하게 된다. 하지만 이러한 주관적인 '법칙들'을 그대로 보존하여 순전히 물질적인 우주의 법칙들 자체로 만드는 것은 바로 물활론적 투영을 가장 명백한 방법으로 수행하는 것이며, '자연의 객관성'의 공리를 포기하는

---

16 · 마르크스는 언젠가 자신의 철학에 대해 '거꾸로 물구나무 서 있는 헤겔을 다시 뒤집어서 바로 세우는 작업'을 하고 있다고 자평했다.

것을 비롯한 모든 물활론적 귀결들을 수반하는 것이다.

마르크스도 엥겔스도 변증법을 이렇게 거꾸로 뒤집으려 하는 그들의 논리를 정당화하는 데 필요한 자세한 분석을 내놓지는 않았다. 하지만, 특히 엥겔스가 (『반-뒤링反 Dühring』과 『자연변증법』에서) 제시하는 그 논리의 수많은 적용사례들을 통해서, 이들 변증법적 유물론 창시자들의 깊은 사유를 재구성하는 시도를 할 수는 있을 것이다.

1. 물질의 존재 방식은 운동이다.

2. 우주란, 존재하는 유일한 것인 물질의 총체로서 정의되며, 항구적인 진화의 상태 속에 있다.

3. 우주에 대한 참된 인식이란 이러한 진화를 이해하는 데 기여하는 인식들이다.

4. 하지만 이러한 인식은 오직 인간과 물질 사이의 (혹은, 더 정확하게 말해, 물질 가운데 인간을 뺀 나머지와 인간 사이의) 상호작용—이 상호작용은 그 자체로 진화적이며 진화의 원인이다—속에서만 얻어진다. 따라서 모든 참된 인식은 '실천적pratique'이다.

5. 의식은 이러한 인식적 상호작용과 연관된다. 따라서 의식적인 사유는 우주 자체의 운동을 반영한다.

6. 따라서 사유란 우주의 보편적인 운동의 부분이며 그 반영이기도 하므로, 또한 사유의 운동은 변증법적이므로, 우주 자체의 진화의 법칙 역시 변증법적이다. 자연 현상들에 대해 '모순contradiction'이니 '긍정affirmation'이니 '부정négation'이니 하는 용어들을 사용하는 것이 정당한 것은 바로 이 때문이다.

7. 변증법은 (특히 그 세 번째 법칙인 합合으로 인해) 건설적이다. 그러므로 우주의 진화 자체도 상향上向운동적이며 건설적이다. 이러한 우주적 진화의 최고 표현이 인간 사회·의식·사유이며, 이들은 모두 이러한 우주적 진화의 필연적 산물이다.

8. 변증법적 유물론은, 이처럼 우주 구조의 진화적인 본질을 강조함으로써 18세기의 유물론을 넘어선다. 18세기의 유물론은 단순히 고전적 논리에 입각하여, 오직 아무런 변화도 겪지 않고 존재하는 불변적인 물체들 사이의 기계론적인 상호작용만을 알았을 뿐이며, 따라서 진화를 사유할 수 있는 능력이 없었다.

물론 사람들은 나의 이와 같은 재구성을 반박할지 모른다. 그것이 마르크스와 엥겔스의 진정한 생각에 일치하지 못한다며 말이다. 하지만 이러한 재구성이 마르크스와 엥겔스의 진정한 생각에 정말로 일치하는가의 여부는 단지 부차적인 문제일 뿐이다. 한 이데올로기의 영향력은 그 추종자들의 정신 속에 그 이데올로기가 남긴 의미에 좌우된다. 그 이데올로기를 따르는 아류épigone들이 그 이데올로기에 부여하는 의미에 좌우되는 것이다. 마르크스와 엥겔스의 추종자들이 남긴 글들을 비롯한 수많은 글에서 나의 이 같은 재구성이 적어도 변증법적 유물론의 '통속적 의미'만은 제대로 전달하고 있음을 확인할 수 있다. 나는 여기서 하나의 글만을 인용하겠다. 이 글은 글쓴이가 아주 저명한 현대 생물학자라는 점에서 특히 의미심장하다. J. B. S 홀데인은 『자연변증법』의 영역본에 붙인 그의 서문에서 다음과 같이 쓰고 있다.

마르크스주의는 과학science을 두 가지 관점에서 고찰한다. 첫째로, 마르크스주의자들은 과학을 인간의 다른 여러 행위들과의 관계에서 고찰한다. 한 사회의 과학적 행위가 어떻게 그 사회의 욕구들의 진화에 의존하며, 따라서 그 사회의 생산방식들에 의존하는지를 보여주고, 또한 과학이 어떻게 반대로 그 사회의 생산방식들과 욕구의 진화를 바꿔놓는지를 보여준다. 두 번째로, 마르크스와 엥겔스는 단지 사회의 변동만을 분석하는 데 그치지 않는다. 『자연변증법』에서 그들은 사회와 인간의 사유 속에서뿐만 아니라 외부 세계―이는 인간의 **사유에 의해 반영된다**―속에서도 작용하는 변화의 일반 법칙들을 밝힌다. 결국 변증법은 사회에 대한 과학의 관계는 물론 '순수' 과학의 문제에 대해서도 적용될 수 있는 것이다.

'인간의 사유에 의해 반영되는' 외부 세계, 실로 모든 것은 여기에 있다. 저 거꾸로 뒤집기의 논리는 이 반영이 외부 세계를 다소 충실하게 의식의 언어로 치환하는 것보다 훨씬 더 이상의 것이 되라고 명백히 요구한다. 변증법적 유물론을 위해서는, '물 자체物自體'가, 즉 그 자체로서의 사물 자체나 현상 자체가,**17** 아무런 왜곡도 겪지 않고

17· '물 자체(Ding an sich)'란 칸트 철학의 유명한 용어다. 『순수이성 비판』에서 칸트는 우리가 대상들에 대해 보편적으로 타당한 객관적인 인식―과학적 지식―을 가질 수 있음을 논증하지만, 이때의 이 대상은 단지 '우리에게 나타나는 대로의 대상', 즉 '우리에 대한 대상(獨: Ding für uns, 佛: Chose pour nous)' 혹은 '현상으로서의 대상'일 뿐이지, 결코 '그 자체로 있는 대상(chose en soi)'―이것을 칸트는 '물 자체' 혹은 '물 자체로서의 대상'이라는 이름으로 부른다―이 아님도 역시 논증한다. 칸트에 따르면, 우리는 결코 이

그것이 가진 속성들 중 어느 것 하나도 빠짐 없이 전부 의식에까지 도달하는 것이어야 한다. 외부 세계가 그 구조나 운동의 전체에 있어서 문자 그대로 모조리 의식에 현전現前해야 하는 것이다.♦

물론 사람들은 마르크스의 몇몇 구절들을 근거로 들어 이러한 이해에 반대를 표할 수도 있다. 하지만 그럼에도 불구하고 변증법적 유물론의 논리적 정합성을 위해서는 이러한 이해가 필수불가결하다. 설령 마르크스나 엥겔스 자신은 아니더라도 그들의 아류들은 알고 있었듯이 말이다. 변증법적 유물론은 마르크스가 그의 거대한 사회·경제적 이론 체계를 세우고 나서 뒤늦게 여기에 추가한 이론이라는 점도 잊어서는 안 된다. 이렇게 변증법적 유물론을 이후에 덧붙인 것은 분명히 역사적 유물론을 자연 자체의 법칙들에 근거한 '과학'으로 만들고자 하는 의도에서 그랬을 것이다.

'그 자체로 있는 대상'에 대해서는 아무런 객관적 인식(지식)도 가질 수 없다. 잠시 뒤에 보게 되겠지만, 모노는 우리의 인식에 대해 이처럼 칸트와 같이—꼭 그와 같은 논리에서는 아니더라도—'비판적인 태도'를 갖는 것이 필요하다고 주장한다.

♦　앙리 르페브르의 책, 『변증법적 유물론』에 나오는 다음 글도 인용해보자. "변증법이란 단지 정신의 내적 운동이 아니라 정신보다 앞서 실재하는 것, 즉 존재 자체 속에 실재하는 것이다. 변증법은 자신을 정신에 부과한다. 우리는 먼저 가장 단순하고 가장 추상적인 운동을 분석한다. 내용이 완전히 빈 사고의 운동이 그것이다. 이리하여 우리는 가장 일반적인 범주들과 그들 사이의 연쇄관계를 발견하게 된다. 그런 다음 이 운동을 구체적인 운동에, **주어지는 내용**에 연결해야 한다. 그러면 우리는 내용과 존재의 운동이 우리에게 변증법적 법칙들 속에서 밝혀진다는 사실을 의식하게 된다. 사유의 모순들은 결코 단지 사유 자체에서부터, 사유 자체의 무능함이나 비정합성에서부터 오는 것이 아니라, 내용으로부터도 오는 것이다. 모순들의 연쇄는 내용의 전체적인 운동을 표현하는 것이며, 그 운동을 의식과 반성의 차원에까지 높이는 것이다."

비판적 '지식의 이론'의 필요성

변증법적 유물론은, 의식이 '물 자체'를 완벽하게 반영하는 '완벽한 거울'이 되어야 한다는 그것의 강한 요구로 인해, 어떤 종류의 비판적 '지식의 이론'[18]도 완강하게 거부하려 한다. 그리하여 이러한 비판적 '지식의 이론'에 대해서 즉각적으로 '관념론적'이니 '칸트적'이니 하는 부정적인 딱지를 붙인다. 물론 과학이 폭발적으로 진보한 첫 번째 시기인 19세기의 사람들이 왜 이러한 태도를 갖게 되었는지는 어느 정도 이해할 수 있다. 그 당시에는 과학의 발전 덕분에 인간이 자연을 점점 더 직접적으로 지배해나가고 있다고, 또한 자연의 실체 자체를 완전히 자기의 것으로 만들어가고 있다고 보았을 것이다. 가령 당시에는 어느 누구도 중력이 자연 자체의 법칙임을, 자연 자체를 그 깊은 내면에서 포착하여 얻어진 법칙임을 의심하지 않았다.

하지만 사람들이 알다시피, 과학적 진보의 두 번째 시기인 20세기에는 인식의 원천 자체로 되돌아가자는 반성에 의해 그와 같은 진보가 이뤄질 수 있었다. 이미 19세기 말엽부터 비판적 '지식의 이론'이 지식의 객관성을 위한 조건으로서 반드시 필요하다는 것이 다시 분명해지게 되었다. 이때부터는 단지 철학자들만이 이러한 비판적

---

18 · 앞에서 설명한 칸트의 경우처럼, 우리의 인식이 세계 자체에 완전히 일치할 수 있는 '완벽한 거울'이라는 생각을 부정하는 이론들을 "비판적 '지식의 이론'(épistémologie critique)"이라고 부르고 있다. 칸트 자신도 자신의 저러한 철학적 입장을 일컬어 종종 '비판적 관념론'이라고 부른다.

작업을 수행한 것이 아니라, 과학자들 스스로도 이러한 비판적 작업을 거쳐 그들의 과학 이론을 형성한다. 상대성 이론이나 양자 역학이 발전할 수 있었던 것은 바로 이러한 비판적 작업 덕분이다.

다른 한편, 신경생리학과 실험심리학의 발달에 따라 신경계의 작용 가운데 적어도 몇 가지 측면이 점차 밝혀지고 있다. 이렇게 새롭게 알려진 사실만으로도 우리들의 중추신경계가 의식에 전달하는 외부 정보는 분명히 암호화되고 변형된 것이며, 이미 수립된 규범에 맞게 틀 지워진 것이라는 점을 충분히 확인할 수 있다. 즉 외부 정보에 대한 우리의 의식은 우리 주관의 조건에 맞게 그것을 변형하는 것이지 그것을 그 자체로 재현하는 것은 아니다.

변증법적 유물론의 '지식의 논리'상의 파탄

그러므로 '순전한 반영'이라는 생각, 영상의 좌우도 바꾸지 않을 정도로 '완전한 거울'이라는 생각은 오늘날에는 과거 그 어느 때보다도 더욱더 지지되기 어려운 것으로 보인다. 하지만 실제로는 굳이 20세기 과학의 발전까지를 기다리지 않더라도 이러한 '순전한 반영'이라는 생각이 이를 수밖에 없는 혼란과 넌센스는 이미 충분히 드러날 수 있다. 뒤링은 일찍이 이러한 혼란과 넌센스가 무엇인지를 밝혀내고 비판했다. 이런 뒤링을 불쌍히 여긴 엥겔스는 그의 어리석음을 깨우쳐주기 위해 몸소 자연 현상들을 변증법적으로 해석하는 수많은 사례들을 제시한다. 제3법칙을 예증하는 것으로서 그가 예로 들었던 유명한 보리알의 예를 생각해보자.

만약 하나의 보리알이 그에게 정상적인 성육成育조건을 만난다면, 열과 습기의 영향 아래에서 그 종種에 특유한 변모 작용이 그 안에서 진행되어 싹이 돋는다. 즉 알로서의 보리알은 사라지고 부정된다. 보리알로부터 태어난 보리에 의해 대체되는 것이다. 이 보리는 보리알의 부정이다. 하지만 이제 이 보리는 어떤 여정을 밟게 될까? 이 보리는 자라서, 꽃을 피우고, 수정受精하여, 새로운 보리알들을 낳게 된다. 그리고 이들 보리알들이 성육하게 됨에 따라 보리의 줄기는 시들게 된다. 이번에는 보리가 부정되는 것이다. 이러한 '부정의 부정'을 통해 우리는 다시금 최초의 보리알을 갖게 된다. 다만 한 알이 아니라 그 수는 10배, 20배, 30배에…… 이른다.

엥겔스는 여기서 더 나아가 다음과 같이 덧붙인다.

수학에서도 이와 마찬가지다. 어떤 산술적인 양, 예컨대 a를 예로 들어보자. 이 a를 부정하게 되면, -a가 얻어진다. 이 부정을 다시 부정하기 위해 -a에다 -a를 곱하면, a^2을 얻는다. 즉 처음과 같은 정正, positive의 수량이지만, 처음보다 그 차원이 하나 높아져 있다……

이러한 예들은 무엇보다도 변증법적 해석의 소위 '과학적' 사용이 얼마나 커다란 '지식의 이론'상의 재난을 낳을 수 있는지를 보여준다. 현대의 변증법적 유물론자들은 대개 이러한 어리석음에 빠지지 않으려고 한다. 하지만 변증법적 모순을 모든 운동과 모든 진화의 '근본 법칙'으로 삼으려는 것은 자연에 대한 주관적 해석—자연 속에서 어떤 상향운동적이고 건설적이며 창조적인 의도를 발견하려 하는 해석—을 체계화하려는 행위에 불과하다. 이러한 해석은 자연을 인간적 의미로 해석하고, 정신적으로도 의미 있도록 만들기 위함이다. 어떻게 위장을 하고 있든 간에, 여기에 숨은 '물활론적 투영'은 언제나 알아볼 수 있다.

이러한 해석은 과학과 무관할 뿐만 아니라 과학과 양립할 수도 없다. 이 점은 변증법적 유물론자들이 순전히 '이론적인' 객설만을 늘어놓는 데서 벗어나 실제로 그들의 개념들로 실험과학의 길을 밝히기를 원할 때마다 확실해진다. 당대의 과학에 대해 지식이 깊었던 엥겔스는 변증법의 이름하에 자기 당대의 가장 중요한 두 개의 과학적 발견들을 거부하지 않을 수 없었다. 열역학 제2법칙과 (다윈에 대한 그 자신의 존경에도 불구하고) 진화에 대한 순전히 자연선택설적 해석이 그것이다. 레닌이 마하Mach를 그토록 격렬하게 공격한 것도 같은 원리에서다. 그 뒤에 즈다노프Jdanov가 소련 철학자들에게 '코펜하겐 학파의 칸트주의적인 흉계'에 대결할 것을 명령한 것도, 리센코 Lyssenko가 유전학자들을 변증법적 유물론과 근본적으로 양립할 수 없는, 따라서 필연적으로 틀린 것이어야 할 이론을 지지한다고 비난한 것도 같은 원리에서다. 소련 유전학자들의 부인에도 불구하고, 리센코는 완전히 옳았다. 유전자를, 여러 세대를 거치면서도 또한 심지어

잡종형성을 통해서도, 불변적으로 남아 있는 유전의 결정인자로 보는 이론은 실로 변증법의 원리들과 결코 양립할 수 없다. 어떤 불변성의 공리 위에 서 있는 이런 유전자 이론은 그 본질상 관념론적인 이론일 수밖에 없는 것이다. 오늘날 유전자의 구조와 그 불변적 복제의 메커니즘이 잘 알려지게 되었다고 해서 사정이 바뀔 것은 아무것도 없다. 이에 대해 생물학이 기술記述하는 내용을 보면, 유전자는 순전히 기계론적인 방식으로 이뤄져 있기 때문이다. 그러므로 오늘날 생물학의 이론은, 나의 콜레주 드 프랑스 취임강연에 대해 알튀세가 가혹한 비평으로 지적한 바처럼,[19] (유물론적이긴 하지만) 기껏해야 기계론적 '통속적 유물론'에 해당할 뿐이며, 따라서 '객관적으로는 관념론적인' 것이다.[20]

· · ·

이상으로 나는 다양한 이데올로기와 이론들을 간략하고 불완전하게 검토하였다. 내가 이들 이론에 부여한 이미지는 단지 부분적인

---

19 · 알튀세(Althusser)는 우리에게도 잘 알려져 있는 유명한 공산주의 철학자다. 그도 아마 변증법적 논리에 대한 어떠한 도전도 용납하려 하지 않은 '신념에 찬' 철학자였나 보다.

20 · 변증법적 유물론자들은 종종 자신들 이전의 기계론적인 유물론자들(옛날이나 지금이나 전문적인 과학자들은 주로 이 범주에 들어간다)에 대해 이처럼 '통속적인 유물론자들'이라고 비판한다. 이는 변증법으로까지 세련화되지 못한 소박한 단계의 유물론에 머물러 있다는 비판일 것이다. 따라서 **변증법적 유물론자들이 보기에,** 이들 기계론적 유물론자들은 그저 그들 자신의 생각 속에서만—즉 주관적으로만—유물론자들이었지, 실제로는—즉 객관적으로는—관념론자들일 뿐이다.

것이기에, 따라서 왜곡된 것이라고 생각할 수도 있을 것이다. 나는 이 점에 대해 다음의 사실을 강조함으로써 나 자신을 옹호하고 싶다. 나는 단지 생물학과 관련하여, 또한 특히 불변성과 합목적성 사이의 관계와 관련하여, 이 이론들이 인정하거나 함축하는 내용들을 추출해내는 데만 관심을 기울였을 뿐이라고 말이다. 모든 이론들이 예외 없이 어떤 시원적인 합목적적 원리를, 생명권 단독의 원동력으로나 혹은 우주 전체의 진화를 이끄는 원동력으로 삼고 있음을 우리는 보았다. 현대 과학 이론의 눈으로 보자면, 이 모든 이론들은 틀린 것이다. 단지 방법상의 이유에서만 (왜냐하면 이 이론들 모두는 이런저런 방식으로 '자연의 객관성'의 공리를 포기하고 있으므로) 그런 것이 아니라, 사실의 차원에서도 틀린 것으로 판명된다. 이 점에 대해서는 특히 6장에서 살펴보고자 한다.

인간중심주의적인 환상

이러한 오류들의 원천에는 확실히 인간중심주의적인 환상이 자리 잡고 있다. 태양중심설도, 관성(불활성)의 원리도, 객관성의 원리도 이 옛날의 신기루를 쫓아내는 데 충분하지 못했다. 진화론도 처음에는 이 환상을 사라지게 만들기는커녕, 그것에 새로운 실체를 부여해주는 듯했다. 진화론은 인간이 더 이상 우주의 중심은 아니더라도 모든 시간 동안 언제나 기다려온 우주 전체의 황태자라는 생각이 들도록 만든 것이다. 마침내 신은 죽을 수 있게 되었다. 그 자리를 이 새롭고 위대한 존재가 대신 차지했기 때문에 이때부터 과학의 궁극적인 목적은 몇몇 소수의 원리들로부터 (생명권과 인간을 포함한) 실재 전체를 설명해내는 어떤 통합적 이론을 만들어내는 데 존재하게 된다. 이러한 의기양양한 확신이 19세기의 과학주의적 진보론을 성장하게 만들었던 것이다. 변증법적 유물론자들은 자신들이 이미 이런 통합적 이론을 만들어냈다고 믿었다.

엥겔스가 열역학 제2법칙을 공식적으로 부인할 수밖에 없었던 것은, 바로 이 원리가 인간과 인간의 사유가 우주적 상향운동의 필연적인 산물이라는 확신을 위태롭게 하는 것으로 그에게 보였기 때문이다. 그가 『자연변증법』 서문에서부터 이처럼 열역학 제2법칙에 대한 반대를 밝히는 것과 그가 이 주제를 곧바로 그의 열렬한 우주론적 예언과—그는 이 예언에서 인류에게, 혹은 적어도 '생각하는 두뇌'에게, 영원회귀를 약속한다—연결 짓는 것은 의미심장하다. 엥겔스가 약속하는 영원회귀는 실로 인류의 가장 오래된 신화들 중 하나로 회귀하는 것이다.✦

✦ "그러므로 우리는 다음과 같은 결론에 이른다. 공간으로 방사되어 나간 열은 어떤 방식으로—이 방식이 어떤 것인지를 밝히는 것은 미래의 학자의 소관이다—다른 형태의 운동으로 전화(轉化)될 수 있는 가능성을 반드시 가지고 있어야 한다고 말이다. 이렇게 다른 형태의 운동으로 전화됨으로써 그 열은 다시금 응축되고 재활성화될 수 있는 것이다. 죽은 태양이 백열(白熱) 상태의 성운(星雲)으로 재전화하는 것을 막던 본질적인 어려움은 이렇게 해서 제거된다. [······]

이러한 순환이 시간과 공간 속에서 얼마나 자주, 또 가차 없이 엄밀하게 이루어진다 할

생명권 : 제1원리들로부터 연역될 수 없는 독특한 사건

20세기 후반에 이르러서야 비로소 진화론에 결부된 이 새로운 인간중심주의적 신기루가 사라지게 되었다. 오늘날 우리는 그 어떤 보편적인 이론이라 할지라도, 또한 다른 부문에서 아무리 완전한 성공을 거둔 이론이라 할지라도, 이 이론은 그의 보편성에도 불구하고 생명권을 자신 안에 포함할 수 없음을 확신할 수 있다. 즉 생명권의 구조와 진화란 (이 보편적인 이론이 가진) 제1원리로부터 연역되어 나올 수 있는 현상이 아니라는 것을 확신할 수 있다. 나는 그렇게 믿는다.

나의 이러한 주장이 모호하게 들릴지 모르겠다. 그러니 좀더 명료하게 말해보도록 하자. 어떤 이론이 보편적인 이론이 되려면, 당연히 상대성 이론과 양자^{quanta} 이론, 그리고 소립자 이론을 동시에 포함하고 있어야 한다. 만약 우주의 몇몇 초기 조건들을 알기만 한다면,

---

지라도, 태어나고 죽는 태양과 지구의 수가 몇백만이 될지라도, 어떤 태양계 내의 단 하나의 행성에서라도 유기체적 생명이 생겨날 수 있는 조건이 성립하기 위해서는 아무리 오랜 시간이 걸린다 할지라도, 아무리 수없이 많은 유기체들이 나타나고 사라지기를 반복한 후에야 비로소 그들로부터 생각할 수 있는 능력을 지닌 두뇌를 가진 동물들이 나타날 수 있다 하더라도, 이런 생각할 수 있는 능력을 가진 동물들도 그저 아주 잠시 동안만 그들의 생존에 적합한 조건을 만날 수 있을 뿐이지 이내 가차 없이 멸절되는 것은 마찬가지라 할지라도, 우리는 다음과 같은 확신을 가지고 있다. 바로 이 모든 변화의 과정 속에서 물질은 언제나 영원히 동일하게 남아 있을 것이며, 그의 속성 중 그 어느 것도 상실되는 일은 없을 것이라고. 따라서 물질이 어느 날엔가 지구상에서 가차 없는 필연성으로 그 자신의 최고 개화(開花)인 생각하는 정신을 멸절시키게 될 것이 틀림없다 하더라도, 물질은 똑같은 필연성으로 어떤 다른 장소와 다른 시간에서 이러한 생각하는 정신을 재생시키고야 말 것이다.”―엥겔스, 『자연변증법』, pp. 45-46.

이런 이론은 우주 전체의 일반적인 진화가 어떻게 전개될지를 예측하는 우주론까지도 포함할 수 있을 것이다. 하지만 오늘날 우리는 (라플라스와 그 이후의 19세기 '유물론적' 과학과 철학이 믿었던 것과는 반대로) 이와 같은 미래에 대한 예측이란 단지 통계적일 수밖에 없음을 잘 알고 있다. 이 보편적인 이론은 원소들의 주기율표도 자신 안에 포함할 수 있다. 하지만 그렇다고 하더라도 이 이론은 다만 원소들 각자의 존재확률만을 결정할 수 있을 뿐이다. 마찬가지로, 이 이론은 은하나 행성계와 같은 물체들의 출현을 예측할 수는 있을 것이다. 하지만 어떤 특수한particulier 개별적 대상이 필연적으로 존재하게 될지의 여부는 그 어떤 경우에도 자신의 원리들로부터 연역해낼 수 없다. 안드로메다 성운이든, 금성이든, 에베레스트 산이든, 아니면 어젯밤에 내린 뇌우雷雨든, 어떤 특수한 개별적 대상이나 사건, 현상이 필연적으로 존재하게 될지의 여부를 연역해낼 수는 없는 것이다. 이 이론은 어떤 종류의 대상이나 사건들이 존재하게 될 것이며 그 속성이나 서로 간의 관계들이 어떤지는 일반적으로 미리 예측할 수 있을 것이다. 하지만 결코 어떤 특수한 개별적인 대상이나 사건들이 존재하게 되고 그것들의 성질에 어떨지에 대해서는 미리 예측할 수 없을 것이다.

내가 여기서 제시하는 주장은 다음과 같다. 생명권은 미리 예측 가능한 대상이나 사건들을 포함하고 있는 것이 아니라, 그 자체가 어떤 특수한 사건을 이룬다. 이 사건은 물론 제1원리들과 양립할 수 있는 것이기는 하지만, 그렇다고 해서 결코 이 원리들로부터 연역되어 나올 수 있는 것은 아니다. 그러므로 본질적으로 예측 불가능하다.

내가 말하고자 하는 바가 잘 이해될 수 있기를 바란다. 생명체들이란 제1의 원리들로부터 예측될 수 있는 종류가 아니라고 내가 말할 때, 나는 결코 생명체들이 이 제1의 원리들에 의해서 **설명될 수 없는** 것들이라거나, 혹은 생명체들이 이 원리들을 초월한다거나, 생명체들에게만 적용될 수 있는 다른 원리들이 필요하다고 시사하려는 것이 아니다. 내가 보기에 생명권이 예측 불가능하다는 것은, 내 손에 쥔 이 자갈돌을 구성하는 원자들의 특수한 배열 상태가 예측 불가능하다는 것과 똑같은 이유에서지, 그 이상도 그 이하도 아니다. 어떤 보편적인 이론이 원자들의 이런 특수한 배열 상태가 존재할 것이라는 점을 미리 예측하거나 단언하지 못한다고 해서, 그 이론을 비난할 사람은 아무도 없을 것이다. 단지 지금 이 자갈돌이, 이 유일하며 실재적인 대상이, 저 보편적인 이론과 양립 가능하다는 사실을 보여주는 것만으로 충분할 테니 말이다. 저 보편적인 이론에 의할 때, 지금 이 자갈돌은 반드시 존재해야 할 필연적인 의무le devoir d'exister를 가지고 있는 것은 아니지만, 존재할 수도 있는 권리le droit d'exister는 가지고 있는 것이다.[21]

반드시 존재해야 할 이유(의무)는 없고 단지 존재할 수 있는 가능

---

21 · 이 자갈돌의 존재가 제1원리들로부터 연역되어 나올 수 있는 것이라면, 그때 이 자갈돌은 필연적으로 반드시 존재해야 할 것이다. 즉 반드시 존재해야 될 의무를 가지게 되는 것이다. 반면, 이 자갈돌의 존재가 제1원리들로부터 연역되어 나오는 것이 아니라 단지 양립할 수 있는 것이라면, 즉 저 원리들에 의할 때 불가능한 것이 아니라면, 그 경우 이 자갈돌은 존재할 수도 있을 가능성(권리)을 가지는 것이다.

성(권리)만을 갖고 있다는 이 사실이 돌멩이의 경우라면 충분하겠지만, 우리 자신의 경우라면 그렇지 못하다. 우리는 우리 자신이 어떤 필연적인 이유에 의해서 존재하는 것이기를, 우리가 존재하지 않으면 안 되도록 우리의 존재가 처음부터 정해진 것이기를 원한다. 모든 종교와 거의 대부분의 철학, 심지어 과학의 일부까지도 자기 자신의 우연성을 필사적으로 부인하려는 인간의 지칠 줄 모르는 영웅적 노력의 증거다.

03

맥스웰의 도깨비

생명체의 구조적·기능적 합목적성을 가능하게 하는
분자적 요인要因으로서의 단백질

합목적성이란 개념은 어떤 정해진 방향을 향하여 정합적整合的이고
건설적으로 이뤄지는 행위라는 관념을 포함한다. 이런 기준들로 볼 때,
단백질이야말로 생명체의 합목적적 행위를 가능하게 하는 핵심적인
분자적 요인으로 간주되어야 한다.

1. 생명체란 화학적 기계다. 모든 유기체들의 성장과 증식을 위
해서는 수천 가지의 화학적 반응이 이뤄져야 한다. 이 많은 화학적
반응 덕분에 세포들의 주요 성분들이 만들어지는 것이다. 이 과정을
이른바 '대사代謝'라고 한다. 대사는 아주 많은 수의 '경로들'에 의해서
조직되는데, 이 경로들은 서로 갈라지거나 합쳐지고 순환하기도 하
면서, 각자 일련의 반응들을 포함한다. 이 거대한 미시적·화학적 활

동이 정확하게 정해진 방향을 따라 일어날 수 있고 높은 성과를 거둘 수 있는 것은, 특이한 촉매 역할을 하는 모종의 단백질, 즉 효소 덕분이다.

2. 하나의 기계와 마찬가지로, 모든 유기체는 그 가장 단순한 것에 이르기까지 모두 각자 하나의 정합적이고 전체적으로 통합된 기능적 통일체를 이루고 있다. 이처럼 복잡하고 게다가 자율적이기까지 한 화학적 기계의 기능적 정합성을 위해서는 수많은 지점에서 이뤄지는 화학적 활동을 관리하고 규제하는 어떤 사이버네틱 시스템[22]이 있음에 틀림없다. 이 사이버네틱 시스템의 전체 구조를, 특히 고등한 유기체의 그것을 완전히 해명하는 일은 아직도 요원하기만 하다. 하지만 오늘날 우리는 그중 아주 많은 요소들에 대해 알고 있다. 그리고 우리가 알고 있는 모든 경우에 이 시스템의 본질적인 요인들은 이른바 '조절régulatrice' 단백질이라 불리는 단백질들이며, 이 단백질들은 요컨대 화학적 신호를 탐지하는 역할을 한다.

3. 유기체는 자기 자신을 스스로 만들어내는 기계다. 그의 거시적인 구조는 외부의 힘으로부터 그에게 부과되는 것이 아니다. 유기체는 그의 내부에서 작용하는 건설적인 상호작용들에 의해서 자율적인 방식으로 스스로를 만들어낸다. 이러한 내적 발생의 메커니즘에 관

---

22 · 사이버네틱(cybernétique)이란 생명체나 기계 안에서 일어나는 제어와 통신을 연구하는 학문이다. 원래 '키잡이의 기술', 즉 '조타술'을 의미하는 그리스어에서 유래하였다고 한다. 현재 '제어학'이란 말이 번역어로 제안되고 있다.

해 우리가 알고 있는 것은 아직 불충분하다고 말하기에도 부족한 상태지만, 건설적인 상호작용들이 미시적인 것들이며 분자적인 것들이라는 점은, 그리고 여기에 관여하는 분자들은 전적으로—혹은 그렇지 않으면 본질적으로—단백질이라는 점만큼은 단언할 수 있다.

따라서 단백질이야말로 유기체라는 화학적 기계의 활동을 일정한 방향으로 이끌고 이 기계의 기능이 정합적으로 이뤄지도록 해주며 또한 이 기계를 만들어내는 주역이다. 이와 같은 합목적적인 성능은 결국 단백질의 소위 '입체특이성'에서 기인한다. 즉 다른 분자들을 (여기에는 다른 단백질도 포함된다) 그들의 **형태**에—이 형태는 그들의 분자 구조에 의해서 결정된다—따라 알아볼 수 있는 단백질의 능력에서 기인하는 것이다. 이러한 능력은 그러므로 문자 그대로 무엇인가를 식별해낼 수 있는 속성을 갖는다. 즉 미시적인 차원의 식별 discriminative 능력인—만약 '인지cognitive' 능력이 아니라면—셈이다. 생명체의 모든 합목적적인 작용과 구조는, 그것이 어떤 것이든지 간에, 원칙적으로 하나의 단백질, 혹은 몇 개의 단백질, 아니면 아주 많은 수의 단백질의 이러한 입체특이적立體特異的. stéréospécifiques인 상호작용에 의해 분석될 수 있다.◆

◆ 여기서 나는 의도적으로 단순화하여 말했다. DNA의 몇몇 구조들은 합목적적이라고 간주되어야 할 역할을 수행한다. 게다가 몇몇 RNA(리보 핵산)는 유전암호(부록 3 참조)를 번역하는 기계장치의 본질적인 구성요소를 이룬다. 하지만 이들 메커니즘에도 특수한 단백질이 마찬가지로 포함되어 있으며, 이들 메커니즘은 거의 모든 단계에서 단백질과 핵산 사이의 상호작용이 일어나도록 한다. 이들 메커니즘에 대한 논의를 생략하여도, 분자의 합목적적인 상호작용에 관한 분석과 그 일반적인 해석에는 아무런 영향도 미치지 못할 것이다.

어떤 단백질이 그의 독특한 입체적 특이성에 의한 식별기능을 수행할 수 있는 것은 그의 구조와 형태 덕분이다. 이 구조의 기원과 진화를 기술할 수 있다면, 이 구조로 인해 가능해지는 합목적적인 작용의 기원과 진화에 대해서도 역시 설명할 수 있을 것이다.

이 장에서 나는 단백질의 특이한 촉매기능을 논할 것이며, 다음 장에서는 그 조절기능을, 그리고 5장에서는 구조를 만들어내는 그 건설적인 기능을 논할 것이다. 기능적인 구조의 기원에 관한 문제는 이 장에서부터 접근하기 시작해서 다음 장에서 재차 논의될 것이다.

실로 단백질의 기능적인 속성은 그것의 독특한 구조의 세부적인 사항을 굳이 고려하지 않아도 연구할 수 있다(실제로 오늘날에도 공간상의 구조가 세부적인 사항까지 자세히 알려져 있는 단백질은 15종 남짓에 불과하다). 하지만 아주 일반적인 정보에 대해서는 알아둘 필요가 있다.

단백질이란 매우 거대한 분자로서, 그 분자량이 10,000에서부터 시작되며 1,000,000 이상 나가는 것까지 있다. 이러한 고분자는 '아미노산'이라는, 분자량이 약 100 정도인 화합물이 계속적으로 결합하여 중합^{重合, polymérisation}된 결과로 만들어진다. 그러므로 모든 단백질은 그 수가 100개에서 10,000개에 이르는 아미노산 잔기^{殘基, radicaux}를 포함하고 있다. 하지만 이 수많은 잔기는 불과 스무 가지의 화학종^{化學種}◆에 모두 속하는 것으로, 이 스무 가지 화학종은 박테리아에서 인간에 이르기까지 모든 생명체에서 발견된다. 생명체의 구성이 이처럼 단조롭

◆　부록 266~267쪽 참조.

다는 사실은, 생명체들의 거시적인 구조의 놀라운 다양성이 실은 미시적인 구조의 역시 놀랄 만한 단일성에 근거하고 있음을 예증하는 것이다. 우리는 나중에 이 문제를 다시 살펴볼 것이다.

단백질은 그들의 일반적인 형태에 따라 크게 두 분류로 나눌 수 있다.

a) 소위 '섬유상纖維狀' 단백질은 매우 가늘고 긴 분자들이며, 생명체에게 있어서, 마치 범선帆船의 삭구索具처럼, 기계적인 역할을 수행한다. 이런 단백질 가운데 몇몇(근육 단백질)이 가진 속성은 매우 흥미롭지만, 여기서는 그것에 대해 말하지 않겠다.

b) 소위 '구상球狀' 단백질은 그 수가 섬유상 단백질보다도 훨씬 많고, 기능 면에서도 훨씬 중요하다. 이들에게서는 아미노산의 연쇄적인 중합에 의해서 이뤄진 사슬들이 몇 번이고 접혀져서 극히 복잡한 방식으로 스스로의 위로 포개진다. 이리하여 이들 단백질은 촘촘하면서도 둥그스름한 거의 구球와 같은 구조를 갖게 된다.◆

생명체들은, 심지어 가장 단순한 것까지도, 아주 많은 수의 서로 다른 단백질들을 포함하고 있다. 대장균(중량은 약 5.10^{-13}그램, 길이는 약 2미크론)의 경우, 약 2,500±500개의 단백질을 포함하는 것으로 추산된다. 인간과 같은 고등동물의 경우는 백만 단위로 그 수를 짐작한다.

• • •

◆　부록 268쪽 참조.

특이적인 촉매로서의 효소 단백질

유기체의 발생과 작용에 기여하는 수천 가지 화학적 반응들이 있는데, 이들 중 어떤 반응이 일어날 것인가 하는 문제는 그 반응만을 일으키는 독특한 효소 단백질에 의해 선별적으로 결정된다. 각각의 효소는 유기체 속에서 그의 촉매작용을 대사代謝의 오직 어느 한 지점에서만 수행한다고 말해도 거의 과언이 아니다. 다른 무엇보다도 바로 이러한 특이한 선별성으로 인해 효소는 실험실이나 공장에서 사용되는 비非생물학적인 촉매와 구분된다. 비생물학적인 촉매 중에는 아주 적은 양만으로도 여러 다양한 반응을 엄청나게 빠른 속도로 일어나도록 촉진할 수 있는 아주 활기찬 것들도 있다. 하지만 이들 중 그 어느 것도 작용의 특이성 면에서는 가장 '평범한' 효소에도 결코 미치지 못한다.

이 특이성에는 다음과 같은 두 가지가 있다.

1. 각각의 효소는 오직 한 가지 유형의 반응만을 촉매한다.

2. 이러한 유형의 반응을 겪을 수 있는 여러 화합물 중에서—때때로 유기체 속에는 이러한 화합물의 수가 아주 많을 수도 있다—효소는 일반적으로 그들 중 오직 하나에 대해서만 작용한다. 몇 가지 예가 지금 이 두 가지 주장의 의미를 밝혀줄 것이다.

'푸마라아제'라는 효소는 푸마르산酸을 사과산酸으로 바꾸는 가수加水반응의 촉매가 된다. 이 반응은 가역적可易的이다. 같은 효소가 또한 사과산을 푸마르산으로 바꾸는 탈수脫水반응에 촉매 역할을 하는 것이다.

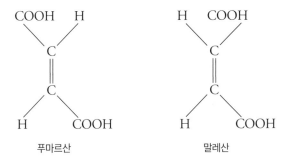

그런데 푸마르산의 기하 이성질체幾何異性質體, isomère géométrique가 존재한다. 바로 말레산酸이다.

푸마르산   말레산

말레산이 화학적으로는 푸마르산과 동일한 가수반응을 겪을 수 있음에도, 효소 푸마라아제는 이 말레산에 대해서는 전혀 작용하지 않는다.

그런데 사과산은 비대칭 탄소를 하나 가지고 있기 때문에, 사과산에는 두 개의 광학 이성질체^{光學異性質體. isomères optiques}가 존재한다.[♦]

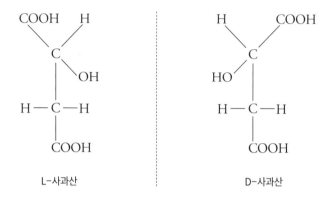

이 두 개의 광학 이성질체는 각자가 상대방에 대한 거울상을 이루는 것으로서, 화학적으로 서로 완전히 동등하며 고전 화학 기술로는 거의 서로 분리해낼 수도 없다. 그럼에도 불구하고 푸마라아제라는 효소는 이 두 개의 광학 이성질체를 절대적으로 구별해낼 줄 안다.

실로, 1) 이 효소는 오직 L-사과산만을 탈수시켜 푸마르산만을 만들어낸다.

2) 또한 이 효소는 푸마르산으로부터는 오직 L-사과산만을 만들어낼 뿐 결코 D-사과산은 만들어내지 않는다.

♦　서로 다른 네 개의 기와 결합한 한 개의 탄소 원자를 포함하는 화합물은 대칭성을 갖추지 못하고 있다. 이러한 화합물을 두고 '광학적으로 활성이다(optiquement actif)'라고 말하는데, 이는 이들 속에 편광(偏光)을 통과시키면 편광면이 왼쪽으로 회전하든지[좌선성(左旋性), L형]아니면 오른쪽으로 회전하든지[우선성(右旋性), D형] 하기 때문이다.

이처럼 효소가 광학 이성질체 사이를 엄밀하게 구별한다는 점은 효소의 입체특이성에 대한 놀랄 만한 예증이 된다. 하지만 그것으로 그치는 게 아니다. 먼저 이것은 오랫동안 수수께끼로 남아 있던 다음과 같은 사실을 설명해준다. 첫째, 세포 속의 많은 비대칭적 화학 성분들에 있어서(대다수의 화학 성분이 비대칭적이다), 두 개의 광학 이성질체 중 대개 오직 어느 한쪽만이 생명권에 나타난다는 점이다. 둘째, 대칭성 보존에 관한 퀴리Curie의 아주 일반적인 법칙에 따를 때, 광학적으로 대칭적인 화합물(푸마르산)로부터 비대칭적인 화합물이 얻어진다는 사실은 다음의 것을 요구한다.

1. 효소 자체가 비대칭성의 '근원'이다. 그러므로 효소 자체가 광학적으로 활성이 되어야 한다. 그리고 실제로도 사실이 그러하다.

2. 기질基質. substrat[23]이 당초에 가지고 있던 대칭성은 그것이 효소 단백질과 상호작용하는 동안 상실된다. 그러므로 가수반응은 효소와 기질의 일시적인 결합에 의해 만들어지는 '복합체complex'의 한가운데서 일어난다. 이와 같은 복합체 속에서 푸마르산이 당초에 가지고 있던 대칭성이 실제로 상실되는 것이다.

효소의 특이성과 촉매적 작용을 함께 설명해주는 이 '입체특이성을 갖는 복합체complex stéréospécifique'라는 개념은 결정적인 중요성을 갖는다. 우선 몇 가지 다른 예들을 검토해보고 이 개념으로 되돌아오자.

몇몇 박테리아들은 '아스파르타아제'라는 이름의 효소를 갖고

---

23 · 위의 예에서는 푸마르산.

있는데, 이 효소 역시 다른 모든 화합물들을 제쳐놓고 오직 푸마르산에만 작용한다. 심지어 푸마르산의 기하 이성질체인 말레산에 대해서도 부관심하다. 이 효소가 촉매작용을 하는 '이중결합에 대한 부가' 반응은 앞에서 서술한 반응과 매우 흡사하다. 이번 반응에서 푸마르산과 축합縮合하는 것은 물 분자가 아니라 암모니아 분자이며, 이로부터 아미노산의 일종인 아스파라긴산이 생겨난다.

푸마르산   L-아스파라긴산

아스파라긴산은 한 개의 비대칭 탄소를 가지고 있다. 그러므로 그것은 광학적으로 활성이다. 앞의 반응에서와 마찬가지로, 이번에도 이성질체 중에서 오직 하나(L형에 속하는 쪽)에 대해서만 효소가 작용한다. 이 L형을 그리하여 '자연自然' 이성질체라 부른다. 왜냐하면 단백질 합성에 참여하는 모든 아미노산은 모두 이 L형에 속하기 때문이다.

그러므로 두 개의 효소, 아스파르타아제와 푸마라아제는 그들의 기질 및 생성물과 이것들의 광학적·기하학적 이성질체 사이를 엄밀

하게 구별할 뿐만 아니라, 또한 물 분자와 암모니아 분자를 서로 엄밀하게 구별한다. 따라서 이 물 분자와 암모니아 분자 역시 '입체특이성을 갖는 복합체'의 구성에 참여하고 있다고 생각된다. 또한 이 복합체를 구성하는 모든 분자들은 서로 엄밀한 위치 관계에 놓여 있는 것으로 생각된다. 바로 이러한 엄밀한 위치 관계로부터 작용의 특이성과 반응의 입체적 특이성이 생겨나는 것이다.

이상의 예들로부터는 효소반응의 중간체로서의 '입체특이성을 갖는 복합체'라는 존재는 단지 설명을 위한 가설로서 추정될 수 있을 뿐이다. 하지만 몇몇 운 좋은 경우에는 이 복합체의 존재를 직접 입증하는 것도 가능하다. '베타-갈락토시다아제'라고 불리는 효소가 바로 그런 경우로, 이 효소는 다음의 A식으로 나타나는 구조를 가진 화합물의 가수분해에 대해서만 유독 촉매작용을 한다.

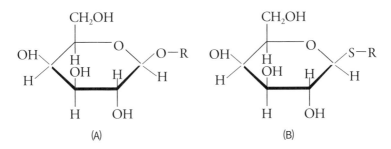

(이 구조식에서 R은 어떤 임의의 기基, radical를 나타낸다.)

이 화합물에는 다수의 이성질체가 존재한다는 점을 명심하자(탄소 1에서 5까지에 대해서, OH기 및 H기가 상대적으로 어떤 방향에 있는

가에 따라서 열여섯 가지의 서로 다른 기하 이성질체가 생기며 또 이들 이성질체 각각에 대해서 광학 대장체光學 對掌體가 존재한다).

효소는 실제로 이들 모든 이성질체들을 서로 엄밀하게 구분하고 그들 중에서 오직 하나만을 가수분해한다. 그러나 이 계열에 속하는 화합물과 비슷한 '입체적 유사체'를 합성함으로써 효소를 '속일' 수는 있다. 이를테면 가수분해가 가능한 어떤 결합 상태상의 산소를 유황으로 바꿔놓음으로써 말이다(앞의 화학 구조식 B). 유황 원자는 산소 원자보다 크지만 이 둘의 원자가原子價, valence는 서로 같으며, 원자가의 방향도 이 둘에게서 동일하다. 따라서 유황으로 바꿔놓은 결합 상태의 3차원적 형태는 원래의 산소가 그대로 있는 결합 상태의 3차원적 형태와 거의 같다. 하지만 유황으로 만들어진 결합은 산소로 만들어진 결합보다 훨씬 더 안정적이다. 따라서 이러한 화합물은 효소에 의해서 가수분해되지 않는다. 하지만 이러한 화합물이 단백질(효소)과 결합하여 '입체특이성을 갖는 복합체'를 형성한다는 것을 **직접적으로 관찰할 수는 있다.**

이상의 관찰들은 이런 복합체가 존재한다는 이론을 확증해줄 뿐만 아니라, 효소반응이 서로 구분되는 두 단계로 이루어져 있음을 알려준다.

1. 단백질과 기질 사이에 '입체특이성을 갖는 복합체'가 형성된다.
2. 이 복합체 내부에서 반응의 촉매적 활성화가 일어난다. 이 반응의 특이성은 이 복합체 자체의 구조에 의해서 그렇게 결정된다.

공유결합과 비공유결합

현대 생물학에서 가장 중요한 개념 중 하나를 추출해낼 수 있도록 해주기 때문에, 이 두 단계의 구분은 매우 중요하다. 하지만 그전에 먼저 기억해둘 것이 있다. 화학적 구조물의 안정성에 기여하는 여러 유형의 결합들은 다음의 두 종류로 구분할 수 있는데, 공유共有결합과 비공유非公有결합이 그것이다.

공유결합은 (엄밀한 의미의 '화학적 결합'은 공유결합을 가리킨다) 두 개 이상의 원자가 전자쌍을 공유함으로써 생기는 결합이다. 그 밖의 다른 여러 가지 유형의 상호작용으로 생기는 것이 비공유결합이다 (물론 비공유결합에서는 전자쌍의 공유 같은 것은 없다).

이러한 다른 유형의 상호작용에 개입하는 물리적 힘의 본성이 무엇인지를 자세히 밝히는 일은, 지금 여기서 우리에게 중요한 문제가 무엇인지를 생각해볼 때 그다지 중요하지 않다. 공유결합과 비공유결합 사이의 차이는 결합을 유지하는 데 필요한 에너지 크기의 차이라는 것을 먼저 말해둔다. 여기서는 수상水相에서 일어나는 반응만을 고려하기로 하고, 또한 약간 단순화하여 말하자면, 공유결합을 포함하는 반응에서 흡수되거나 방출되는 에너지는 보통 (각 하나의 결합마다) 5~20킬로칼로리 정도. 오직 비공유결합만을 포함하는 반응에서는 평균 에너지가 1~2킬로칼로리 정도다.◆

이런 중요한 차이가 '공유결합적' 구조물과 '비공유결합적' 구조물 사이의 안정성의 차이를 부분적으로 설명해준다. 하지만 이런 차이가 본질적으로 중요한 것은 아니다. 중요한 것은 이 두 유형의 반응에 관여하는 소위 '활성화 에너지'상의 차이에 있다. 이 점은 특별히 중요한데, 이를 명확하게 하기 위해 다음의 사실을 일러둔다. 어떤 안정한 상태의 분자군分子群, population moléculaire을 다른 안정된 상태로 옮기는 반응은, 처음의 상태나 마지막 상태의 포텐셜 에너지 potentiel energy보다 더 높은 포텐셜 에너지를 갖는 어떤 중간 상태를 거치는 것으로 간주되어야 한다. 이 과정은 흔히 횡축橫軸이 반응의 진행을 나타내고 종축縱軸이 포텐셜 에너지를 나타내는 그래프로 표시된다(그림 1). 처음과 마지막 상태 사이의 포텐셜 에너지의 차이는 반응에 의해 방출되는 에너지를 나타낸다. 처음 상태와 중간 상태(소위 '활성화' 상태) 사이의 차이가 활성화 에너지다. 분자들은 이 활성화 에너지를 일시적으로 얻어야지만 반응에 들어갈 수 있는 것이다. 이 활성화 에너지는 첫 번째 단계에서 얻어진 이후 두 번째 단계에서는 방출되기 때문에, 최종적인 열역학적 결산수치상에서는 그 존재가 드러나지 않는다. 그러나 반응이 이뤄지는 속도는 이 활성화 에너지에 좌우된다. 높은 활성화 에너지가 필요한 경우, 상온常溫에서라면 반응이 이뤄지는 속도가 거의 제로일 수도 있다. 그러므로 반응을 일으키려면, 온도를 상당히 올리거나(그렇게 되면 분자들이 충분한 에너

◆　어떤 결합의 에너지란, 정의상, 그 결합을 끊는 데 필요한 에너지를 뜻한다. 하지만 실제로는 대부분의 화학 반응, 특히 생화학 반응은 결합 상태를 순전히 끊는 것보다는 한 결합 상태를 다른 결합 상태로 교환하는 것으로 이뤄진다. 어떤 반응에 관여하는 에너지는 다음과 같은 유형의 교환에 대응하는 에너지다 : $AY+BX \rightarrow AX+BY$
　　그러므로 이 에너지는 결합을 끊는 데 필요한 에너지보다 언제나 적은 양이다.

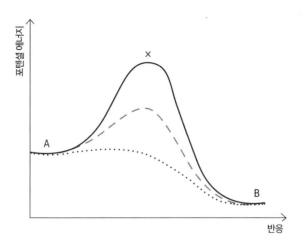

〈그림 1〉 반응이 진행되는 동안 분자군의 포텐셜 에너지가 변화하는 모습

A : 처음의 안정적 상태
B : 반응 후의 마지막 안정적 상태
X : 중간 상태. 이 상태의 포텐셜 에너지는 처음이나 마지막의 안정적 상태의 포텐셜 에너지보다 더
　 높다.
실선 : 공유결합적 반응
파선 : 필요한 활성화 에너지를 적게 들게 하는 촉매가 관여하고 있을 경우의 공유결합적 반응
점선 : 비공유결합적 반응

지를 얻게 되어서 분열할 것이다) 혹은 촉매를 사용하여야 한다. 촉매의
역할은 활성화 상태를 '안정화하는stabiliser' 것이므로, 따라서 활성화
상태와 처음의 상태 사이의 포텐셜 차이가 줄어들게 된다.

　그런데 이것이 가장 중요한 점인데, 일반적으로

　a) 공유결합이 관련되는 반응의 활성화 에너지는 높다. 따라서
반응이 낮은 온도에서 이뤄지거나 촉매가 없는 가운데 이뤄지면, 그

반응속도가 매우 느리거나 제로가 된다.

b) 비공유결합이 관련되는 반응의 활성화 에너지는 제로가 아니라면 아주 낮다. 그러므로 이런 반응은 낮은 온도에서나 촉매가 없더라도 자발적으로 매우 **빠른 속도**로 일어난다.

그러므로 비공유적인 상호작용에 의해 이뤄진 구조가 어떤 안정성을 얻기 위해서는 반드시 **많은 수**의 비공유적 상호작용을 수반해야만 한다. 게다가 비공유적인 상호작용이 어느 정도의 에너지를 얻을 수 있는 것은 단지 그 원자들 사이의 거리가 아주 가까울 때, 즉 이들이 거의 서로 '붙어 있을' 때다. 따라서 두 개의 분자 사이에 (혹은 두 개의 분자 영역 사이에) 비공유적인 결합이 맺어질 수 있는 것은, 오직 이 두 분자의 표면이 각자 상대방에 대해 아귀가 맞아떨어지는 구조를 갖고 있어서[24] 한쪽 분자 속에 있는 여러 개의 원자들이 다른 쪽 분자의 여러 개의 원자들에 들러붙을 수 있을 때다.

"비공유결합에 의한 '입체특이성을 갖는 복합체'"라는 개념

이상의 사실에 이제 효소와 기질 사이에 형성되는 복합체는 비공유적 결합체라는 사실만 덧붙이면, 왜 이 복합체가 필연적으로 입

---

24 · '두 분자의 표면이 각자 상대방에 대해 아귀가 맞아떨어지는 구조를 갖고 있어서'라는 표현에 해당되는 원문은 다음과 같다. "…… les surfaces des deux molécules comprennent des *aires complémentaires* ……". 이를 직역하면 다음과 같이 번역될 것이다. "두 분자의 표면이 **서로 상보적**(相補的)인 부위를 포함하고 있어서 ……"

체특이성을 갖는지를 알게 될 것이다. 이 복합체가 형성될 수 있는 경우란, 오직 효소 분자가 기질 분자의 형태와 정확하게 아귀가 맞아떨어지는 '상보적인' 부위를 포함하고 있을 때다. 이와 더불어 우리는 이 복합체 속에서 기질 분자가 자리하는 위치는, 그것을 효소 분자의 수용 부위에 연결시키는 많은 (기질 분자와 효소 분자 사이의) 상호작용에 의해서 반드시 아주 엄밀하게 결정된다는 점도 이해하게 된다.

또 비공유결합에 의해 생기는 어떤 복합체의 안정성 여부는 거기에서 작용하는 비공유적 상호작용의 수가 많고 적음에 따라 아주 폭넓게 달라질 수 있다는 사실도 알게 될 것이다. 바로 이 점이 비공유결합에 의한 복합체가 가진 값진 속성 중 하나다. 이런 복합체의 안정성은 그것이 수행할 기능에 정확하게 맞추어질 수 있다. 효소-기질 복합체는 매우 빠른 속도로 만들어질 수도 있고 해체될 수도 있어야 한다. 그것은 효소가 촉매로서 높은 활동성을 가지기 위한 조건이다. 실제로 이 복합체는 쉽게 그리고 매우 빠르게 해체될 수 있다. 항구적인 기능을 수행하는 다른 복합체들은 공유결합과 같은 정도의 안정성을 가진다.

지금까지 우리는 효소반응의 전반부에 대해서만, 즉 '입체특이성을 갖는 복합체'가 형성되는 데까지만 논의하였다. 이 복합체의 형성에 뒤이어 일어나는 촉매작용의 단계에 대해서는 길게 논의하지 않겠다. 왜냐하면 생물학적인 관점에서 보았을 때, 이 단계는 앞 단계만큼 의미심장한 문제들을 제기하지 않기 때문이다. 효소의 촉매작용은 단백질의 '특이 수용체récepteur spécifique'에 존재하는 어떤 화학기化學基, groupements chimiques에 의한 유도誘導작용과 분극分極작용의 결과라는 것이 오늘날 인정되고 있다. (유도작용을 하는 화학기에 기질 분자가 달라붙기 위해서는 아귀가 맞아떨어지도록 아주 정확한 곳에 위치해야 한다는 사실에서 연유하는) 특이성을 제외하고는, 촉매 효과는 비생물학적인 촉매들(예컨대 특히 H^+ 및 OH^- 이온)의 작용을 해명하는 도식과 유사한 도식을 가지고 설명할 수 있다.

그러므로 촉매작용 자체에 앞서 일어나는 '입체특이성을 갖는 복합체'의 형성은 동시에 두 가지 기능을 수행하는 것으로 생각할 수 있다.

1. 다른 기질들을 배제한 채 오직 단 하나의 기질만을 배타적으로 선택한다. 이러한 선택은 이 복합체의 특이한 구조에 의해 결정된다.

2. 효소 중의 유도물질 그룹groupes inducteurs에 의한 촉매작용을 정확히 받을 수 있도록, 옳은 위치에 기질이 배치된다.

"비공유결합에 의한 '입체특이성을 갖는 복합체'"라는 개념은 단지 효소에만 적용되는 것도 아니고, 곧 보게 될 것처럼 단지 단백질에만 적용되는 것도 아니다. 생명체를 특징짓는 것은 그것이 선택을 할 수 있다는 점이다. 생명체는 이처럼 선택을 함으로써, 열역학 제2법칙이 부여하는 운명으로부터 벗어날 수 있는 듯 보인다. 하지만 "비공유결합에 의한 '입체특이성을 갖는 복합체'"라는 개념은 생명체를 특징짓는 이와 같은 선택의 현상을—모든 선별적인 구분의 현상을—해석하는 데 핵심적인 중요성을 갖는다. 이 점과 관련해서는 푸마라아제의 예를 다시 검토해보는 것이 흥미로울 듯하다.

유기화학적 수단을 사용하여 푸마르산에 아미노기($-NH_2$)를 붙이면, 아스파라긴산의 두 가지 광학 이성질체의 혼합물이 얻어진다. 하지만 효소는 유독 L-아스파라긴산의 형성에 대해서만 촉매작용을 한다. 이 사실로 미루어보아, 효소는 이 양자택일의 (왜냐하면 두 가지 이성질체가 있으므로) 선택을 위한 정확한 정보를 갖고 있음에 틀림없다. 생명체들에게서 구조의 정보information structurale가 어떻게 창조되고 전달될 수 있는가 하는 것을 여기에서 그 가장 초보적인 수준에서 보게 되는 것이다. 물론 효소는 이 선택을 위한 정보를 입체특이성을 지닌 그의 수용기受容器의 구조 속에 가지고 있다. 하지만 이 정보를 증폭amplification하는 데 필요한 에너지는 효소 자체로부터 오지 않는다. 가능한 두 가지 길 중에서 오직 한쪽 방향으로만 배타적으로 반응이 일어나도록 하기 위해, 효소는 푸마르산 용액의 화학적 포텐셜을 이용한다. 세포들의 합성 활동은 모두, 그것이 아무리 복잡하더라도, 결국 이와 똑같은 방식으로 해석될 수 있다.

· · ·

맥스웰의 도깨비

이러한 현상들은, 미리 정해진 어떤 프로그램을 수행하는 데서 보여주는 그들의 복잡성과 효율성이 너무나 경이로운 수준이어서,

어떤 '인지적^{cognitive}' 기능이 주도하여 일어나는 일은 아닌가 하는 가설을 내놓게 한다. 맥스웰은 미시적 도깨비^{démon microscopique}라는 가상의 존재에게 이러한 인지적 기능을 부여하였다. 맥스웰은 이 도깨비로 하여금 어떤 가스로 가득 찬 두 개의 방 사이를 통하는 구멍에서 망보고 앉아 있다가, 한 방에서 다른 방으로 어떤 특정한 분자들이 통과해 들어오는 것을 막을 수 있는 이상^{理想}적인 문을 조절하는 역할을 맡겼다. 도깨비는 에너지를 전혀 소비하지 않고서 이 일을 한다. 도깨비는 한 방향으로는 오직 (높은 에너지의) 속도가 빠른 분자들만 지나가게 하고 (낮은 에너지의) 속도가 느린 분자들은 오직 그 반대 방향으로만 지나가도록 '선택'할 수 있다. 그 결과, 처음에 같은 온도였던 두 방 중에서 한쪽 방은 온도가 올라가는 반면 다른 쪽 방은 온도가 내려가는 일이, 겉으로 보기에는 에너지를 전혀 소비하지 않고서 이뤄지는 듯이 보인다. 이러한 미시적 도깨비에 대한 맥스웰의 생각은 그야말로 공상적인 것이지만, 물리학자들은 당황하지 않을 수 없었다. 실로 이 도깨비는, 그의 인지적 기능을 행사함으로써, 열역학 제2법칙을 위반할 수 있는 능력을 가진 듯이 보이기 때문이다. 이런 인지적 기능은 잴 수도 없고, 심지어 물리학적 관점에서 정의 가능하지도 않은 것으로 보였기 때문에, 맥스웰의 이 '역설'은 그 어떤 물리적 조작에 의한 분석으로부터도 벗어나는 것처럼 보였다.

이 역설을 해결할 수 있는 열쇠는 레옹 브리유엥^{Léon Brillouin}에 의해서 제시되었다. 그는 앞서 이뤄진 질라드^{Szilard}의 연구에서 영감을 얻었다. 브리유엥은 미시적 도깨비가 그의 인지적 기능을 수행할 때는 반드시 어느 정도의 에너지를 소비하지 않을 수 없으며, 이렇게 소비되는 에너지량은, 결산決算해보면, 일이 일어나는 계의 엔트로피의 감소에 정확히 상응한다는 것을 입증하였다. 실로, 도깨비는 먼저 각각의 가스 분자들의 속도를 측정하고 '사정을 파악한' 다음에야 문을 닫을 수 있을 것이다. 그런데 모든 측정은, 즉 모든 정보의 획득은 그 자체로 에너지를 소비하기 마련인 어떤 상호작용을 전제하는 것이다.

이 유명한 정리定理는 '정보information와 부負의 엔트로피entropie négative는 등가'라는 근대적인 생각을 낳은 원천 중 하나다. 이 정리가 여기서 우리에게 흥미로운 것은, 효소가 바로 미시적인 차원에서 질서를 창조하는 기능을 수행하기 때문이다. 하지만 효소에 의한 이러한 질서의 창조는, 우리가 앞에서 보았듯이, 결코 공짜로 이뤄지는 것이 아니다. 이러한 질서의 창조는 화학적 포텐셜을 소비하는 대가로서 이뤄진다. 요컨대 효소는 정확히 맥스웰의 도깨비처럼 (물론 질라드와 브리유엥에 의해서 수정된 이 방식으로) 기능한다. 바로 효소는 자신이 실행하는 프로그램에 의해 선택된 길을 따라 화학적 포텐셜을 흘려보내는 것이다.

이 장에서 전개된 핵심적인 생각을 다시 한 번 요약해보자. 단백질이 이처럼 '도깨비의 마술 같은' 기능을 수행할 수 있는 이유는, 다른 분자들과 비공유적으로 결합하여 '입체특이성을 갖는 복합체'를 형성할 수 있는 그의 능력 때문이다. 다음 장들에서는 문제를 푸는 열쇠가 될 이 개념의 핵심적인 중요성을 예증해 보이려 한다. 이 개념은 생명체를 다른 존재들로부터 가장 분명하게 구별지우는 속성들에 대한 궁극적인 해석으로서 재발견될 것이다.

04

—

미시적 사이버네틱스

'고전적' 효소—앞장에서 예로 든 것과 같은 효소—는 그 현저한 특이성으로 인해, 완전히 독립적인 기능적 단위를 이룬다. 이 '도깨비'의 '인지적' 기능은, 세포라는 화학 기계 속에서 일어나는 다른 모든 화합물들과 사건들은 제쳐둔 채, 오직 그에게 적합한 특이한 기질만을 식별해낸다.

세포 기계장치의 기능적 정합성整合性

세포의 대사에 관해 현재 알고 있는 바를 요약한 도식을 잠깐만 들여다본다 하더라도, 그것만으로 충분히 다음과 같은 것을 예상할 수 있다. 만약 효소들 각자가 자신이 맡은 단계에서 자신의 임무를 100퍼센트 완전히 성공적으로 수행한다 하더라도, 만약 이들 효소들 각자의 작용 하나하나가, 서로 합쳐져서 전체적으로 하나의 정합적인 체계를 이루도록 서로를 제어하지 않는다면, 그 결과는 혼돈chaos에 이를 수밖에 없을 것이라고 말이다. 그런데 우리는 가장 '초보적인' 생명체에서 가장 '복잡한' 생명체에 이르기까지 모든 생명체의 화학적 기계장치는 대단히 효율적이라는 것을 말해주는 명백한 증거들을 갖고 있다.

유기체의 여러 다양한 성능들을 대규모적인 차원에서 상호조정해주는 어떤 시스템이 동물들에게 존재한다는 것은 이미 오래전부터 알려져 있었다. 이러한 상호조정의 역할을 하는 것이 신경계와 내분비계의 기능이다. 이런 시스템은 기관들이나 조직들 사이의 상호조정을, 결국 세포들 사이의 상호조정을 가능케 해준다. 그런데 거의 이런 시스템들만큼이나 복잡한 사이버네틱 망이 각각의 세포 내부에도 존재하며, 그리하여 그 덕분에 개별 세포 내부의 화학적 기계장치의 기능적 정합성이 확보된다는 사실은 지난 20년간의, 어떤 것은 불과 5년 내지 10년 간의 연구를 통해 밝혀진 것이다.

조절 단백질과 조절의 논리

우리는 아직 우리가 알고 있는 가장 단순한 세포인 박테리아에 대해서도 그것의 대사와 생장 및 분열을 지배하고 있는 시스템이 어떤 것인지를 완전히 분석해내지 못하고 있다. 하지만 이 시스템의 몇몇 부분들에 대한 상세한 분석이 이뤄진 덕분으로, 오늘날 우리는 그것이 어떻게 기능하는지 그 원리들을 잘 이해하게 되었다. 우리는 이

번 장에서 이 원리들에 대해 논하려 한다. 초보적인 사이버네틱 작용은 어떤 특성화된 단백질들—화학적 정보를 탐지하고 집적하는 역할을 하는 단백질들—에 의해 이뤄진다는 것을 확인하게 될 것이다.

이러한 조절 단백질들 중에서 오늘날 가장 잘 알려진 것은 '알로스테릭allostérique 효소'라고 불리는 것들이다. 이 효소들은 '고전적' 효소들과 구분되는 그들만의 속성들을 갖는 특별한 종류다. 고전적 효소들과 마찬가지로, 이 효소들도 자신에게만 적합한 특이성을 가진 기질을 알아보고 그것과 결합하여 그것을 다른 물질로 바꾸어놓는다. 하지만 이것뿐만 아니라, 이 효소들은 기질 이외의 **다른 화합물들**—하나 내지는 여러 개—도 선별적으로 식별하여 그것들과 (입체특이성을 갖도록) 결합하는 속성을 지니고 있다. 이 결합의 결과, **기질에 대한 효소의 활동이 더욱 활발해지거나 혹은 저해되는 변화가 생긴다.**

이런 유형의 상호작용—알로스테릭 상호작용이라고 불린다—에 의한 조절과 조정의 기능은 오늘날 수많은 사례들에 의해 증명되고 있다. 조절기능을 수행하는 반응을 통제하는 물질을 '알로스테릭 이펙터'라고 부르는데, 이 알로스테릭 이펙터가 대사과정의 어느 지점에서 생기는가 하는 것과 그것이 일으키는 반응이 어떤 것이냐에 따라, 이들 알로스테릭 상호작용을 몇 가지 '조절방식modes régulatoires'으로 분류할 수 있다. 주요한 조절방식에는 다음의 네 가지가 있다 (그림 2).

1. 피드백 저해 : 어떤 효소가 일련의 대사반응을 일으켜 이를 통해 최종적으로 어떤 필수 대사산물代謝産物◆—예컨대 단백질의 구성성분이나 핵산의 구성성분—을 만들어낼 때, 이러한 일련의 대사반

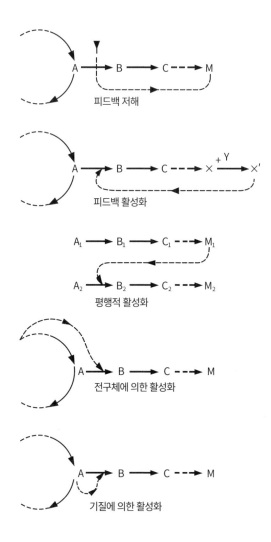

〈그림 2〉 알로스테릭 상호작용에 의해 이뤄지는 다양한 조절방식

실선은 A, B 등으로 표시된 중간 화합물들을 만들어내는 반응들을 나타낸다. M은 최종 대사산물, 즉 일련의 반응의 최종 결과물을 나타낸다. 점선은 알로스테릭 어펙터로서 작용하는, 즉 어떤 반응을 저해하거나 활성화하는 역할을 하는 대사산물이 생기는 지점과 작용하는 지점을 나타낸다.

응을 일으킨 처음의 효소가 바로 이 최종 대사산물에 의해 활성이 저해된다. 그러므로 이 최종 대사산물은 세포 내 자신의 농도를 통해 자신의 합성 속도를 스스로 조절하는 것이다.

2. 피드백 활성화 : 어떤 효소가 자신이 일으킨 대사반응의 최종 산물이 분해되어 생기는 생성물에 의해 활성화된다. 어떤 대사산물들은 그것들의 높은 화학적 포텐셜로 인해 대사반응에서 교환화폐와 같은 역할을 하는데, 이러한 대사산물들에게 이와 같은 피드백 활성화는 자주 일어난다. 그러므로 이 조절방식은 사용할 수 있는 화학적 포텐셜을 어느 일정한 수준으로 유지하도록 해준다.

3. 평행적平行的 **활성화** : 어떤 한 계열의 대사반응을—이러한 반응들로부터 어떤 필수 대사산물이 만들어진다—일으키는 처음의 효소가, 이 계열과는 독립적으로 평행하게 일어나는 어떤 다른 계열의 대사반응의 결과로 합성되는 대사산물에 의해 활성화된다. 이 조절방식은, 같은 군群, famille에 속하면서 어떤 종류의 고분자물질을 함께 조직하게끔 되어 있는 대사산물들이 서로 간의 균형을 맞출 수 있도록 해준다.

4. 전구체前驅體, precurseur**에 의한 활성화** : 효소가 그 자신의 기질로부터 다소간 멀리 떨어져 있는 어떤 화합물, 즉 전구체가 되는 어떤 화합물에 의해 활성화된다. 이 조절방식은 수요를 공급에 맞춰 통제

◆　대사에 의해서 생기는 모든 화합물을 '대사산물'이라고 부른다. '필수 대사산물'이란 세포의 성장과 증식에 보편적으로 필요한 화합물을 말한다.

하는 격이다. 이 조절방식의 특수한 경우로서 대단히 자주 일어나는 일은, 기질 자체가 그 자신의 '고전적인' 역할을 하면서도 동시에 효소에 대해 알로스테릭 이펙터의 역할을 함으로써 효소를 활성화하는 경우다.

알로스테릭 효소가 이들 네 가지 조절방식 중 오직 어떤 한 가지에 의해서만 통제받는 일은 드물다. 대개의 경우, 알로스테릭 효소들은 서로 적대적이거나 혹은 서로 협조적인 여러 개의 알로스테릭 이펙터들에 의해 동시에 통제된다. 자주 볼 수 있는 경우는 다음의 세 가지 조절방식을 한꺼번에 포함하는 3중 조절이다.

1. 기질에 의한 활성화(조절방식 4)

2. 일련의 반응의 마지막 결과로서 생기는 최종 산물에 의한 저해(조절방식 1)

3. 최종 산물과 같은 군群에 속하는 어떤 대사산물에 의한 평행적 활성화(조절방식 3).

그러므로 이 경우 효소는 세 가지 알로스테릭 이펙터를 동시에 식별하며, 이들 사이의 상대적 농도를 '측정한다'. 따라서 효소의 활동은 모든 순간에 있어서 이 세 가지 정보의 총합을 나타낸다.

이들 시스템이 얼마나 정묘한 것인지를 예증하려면, 대사 경로가 수많은 하위 갈래들로 분지分枝되어 있는 경우의 조절방식이 어떻게 이뤄지는가를 예로 들면 된다(그림 3). 이 경우에는 일반적으로 단지 분지된 이후의 첫 번째 반응만이 피드백 저해에 의해 조절되는 것이 아니라, 분지되기 이전 공통된 본지本枝상의 첫 번째 반응도 분지

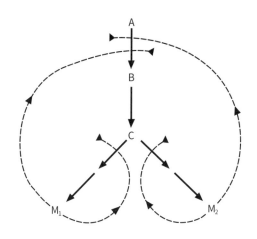

〈그림 3〉 두 갈래로 분지된 대사경로에서의 알로스테릭 조절
기호 사용 방식은 그림 2와 같다.

된 각 갈래들의 끝에서 만들어지는 두 개의 (혹은 여러 개의) 최종 대
사산물들에 의해 동시에 제어된다.[*] 어느 한쪽의 대사산물의 과잉으
로 인해 다른 쪽의 대사산물의 합성이 저지될 위험은, 문제가 되는
경우의 특성에 따라서 다음의 두 가지 다른 방식에 의해 회피된다.

　1. 본지상의 공통된 반응에 두 개의 서로 다른 알로스테릭 효소
가 관여하는 방식으로, 이때 두 효소는 (다른 한쪽의 대사산물과는 상관
없이) 각자 어느 한쪽의 대사산물에 의해서만 저해된다.

　2. 본지상의 공통된 반응에 관여하는 효소는 하나뿐이지만, 이

◆　E.R. Stadtman, *Advances in Enzymology*, 28, 41-159 (1966).
　G.N Cohen, *Current Topics in Cellular Regulation*, 1, 183-231 (1969).

효소의 활성이 오직 두 개의 대사산물이 동시에 서로 '협조'할 때에만 저해될 뿐, 그중 단 하나의 대사산물에 의해서는 결코 저해되는 일이 없는 방식.

기질이 곧 이펙터가 되는 경우를 제외하고는, 알로스테릭 효소의 활성화를 조절하는 이펙터들은 모두 반응 자체에는 전혀 참여하지 않음을 주목해야 한다. 일반적으로 이펙터들은 효소와 결합할 때, 완전히 또한 순간적으로 결합 이전의 상태로 되돌아갈 수 있는 비공유적 복합체만을 형성할 뿐이고, 그러므로 어떤 변화도 겪지 않으면서 이 결합으로부터 풀려나올 수 있다. 이러한 조절적 상호작용에 소비되는 에너지는 사실상 제로다. 이때 소비되는 에너지의 양은 이펙터의 세포 내 화학적 포텐셜의 극소 부분에 불과하다. 반면 이 미미한 상호작용에 의해서 통제되는 촉매반응은 상대적으로 상당한 양의 에너지 전이轉移를 수반할 수 있다. 그러므로 이러한 대사 시스템은, 예컨대 탄도彈道 미사일을 발사하는 경우와 같이, 한 개의 릴레이가 소비하는 매우 미약한 에너지가 엄청난 효과를 야기하도록 만들어진 자동 전자 회로에 사용되는 시스템과 비교할 수 있다.

• • •

한 개의 전자電子 릴레이가 동시에 여러 전기 포텐셜에 의해 통제받을 수 있는 것과 마찬가지로, 우리가 이미 보았듯이, 한 개의 알로스테릭 효소는 동시에 여러 개의 화학적 포텐셜에 의해 통제될 수 있다. 하지만 유사성은 이뿐만이 아니다. 잘 알려져 있다시피, 전자 릴레이의 경우, 그것을 제어하는 포텐셜의 변화에 대해 그것이 비선형적非線形的으로 반응하도록 만드는 편이 일반적으로 유리하다. 이렇게 해서 역閾 효과를[25] 얻을 수 있고, 그로 인해 보다 정밀한 조절작용이 가능해진다. 대부분의 알로스테릭 효소들도 이와 마찬가지다. (기질이 이펙터가 되는 경우를 포함하여) 이펙터의 농도 변화에 따라 알로스테릭 효소의 활성이 어떻게 변하는지를 보여주는 도표를 보면, 그 변화의 모양은 거의 언제나 'S자형'이다. 달리 말하자면, 처음에는 리간드ligand◆가 일으키는 효과가 리간드 자신의 농도보다 보다 빨리 증가한다. 이러한 속성은 알로스테릭 효소 특유의 것으로 보이기 때문에 더욱더 눈에 띈다. 반면 보통의, 즉 '고전적인' 효소에서는 효소의 활성이라는 효과를 가져오는 물질의 농도 변화보다 이 효과가 언제나 보다 느리게 증가한다.

평균적인 알로스테릭 효소 한 개(세 개 내지 네 개의 포텐셜을 측정하고 총합하며, 이에 대해 역 효과를 가진 반응을 불러일으킨다)와 똑같은 논리적 속성을 나타낼 수 있는 전자 릴레이 한 개의 최소 중량이 어느 정도인지 나는 알지 못한다. 대략 10^{-2}그램을 단위로 해서 잴 수

25· 어떤 현상이 어떤 변수의 변화에 따라 변화하는 함수일 때, 일반적으로는 이 변수의 변화가 연속적임에 따라 저 현상의 변화도 역시 연속적인 것이 된다. 하지만 어느 한계—즉 역(閾)—를 넘어서게 되면 이전까지의 연속적인 변화와는 다른 급격한 불연속적인 변화가 나타나 변수와 그 함수 사이에 존재하던 일정한 비례관계가 더 이상 성립할 수 없게 된다. 이를 '역(閾) 효과'라고 한다.

◆　다른 화합물과 결합하려는 경향을 갖고 있는 화합물을 '리간드'라고 부른다.

있는 정도라고 해두자. 평균적인 성능을 가진 알로스테릭 효소 1분자의 무게는 10^{-17}그램을 단위로 해서 잴 수 있다. 전자 릴레이보다 10^{-15}의 단위로 더 적게 나가는 무게인 것이다. 이 천문학적인 숫자는, 맥스웰-질라드-브리유엥의 도깨비보다도 훨씬 더 똑똑한 이런 미시적인 존재들을 몇백 종 내지는 몇천 종이나 갖춘 한 개의 세포가 자유로이 행할 수 있는 '사이버네틱 능력'이 (즉 합목적적 능력이) 얼마나 대단한 것일지를 짐작하게 한다.

알로스테릭 상호작용의 메커니즘

문제는 한 개의 알로스테릭 단백질이라는 이 미시적 릴레이에 의해 어떻게 이러한 복잡한 성능들이 수행되는지를 아는 것이다. 오늘날 일군의 실험적 사실들에 의거하여, 알로스테릭 상호작용은 단백질 자체의 분자적 구조가 불연속적으로 변화하는 덕분에 일어난다는 것을 인정하게 되었다. 다음 장에서 우리는 구상球狀 단백질의 복잡하고 치밀한 구조가 그 구조를 유지하는 데 서로 협력하고 있는 수많은 비공유결합을 통해 안정화되고 있음을 살펴볼 것이다. 그런데 이 사실을 알게 되면, 몇몇 단백질들은 두 개의 (혹은 여러 개의) 서로 다른 구조적 상태로 존재할 수 있다는 점을 짐작할 수 있다(이는 몇몇 화합물이 서로 다른 몇 개의 동소체同素體로 존재할 수 있는 것과 마찬가지다). 문제가 되는 이 두 상태, 그리고 분자를 한 상태에서 다른 상태로 옮겨가도록 만드는 '알로스테릭 전이'―이 전이는 가역적可逆的

이다—는 흔히 다음과 같은 도식으로 설명할 수 있다.

(R)   (T)

이로부터, 이 두 상태의 서로 다른 **특이적**stérique 구조로 인해, 한 상태에서 다른 상태로 단백질이 전이됨에 따라 단백질의 입체특이적 식별성이 바뀔 수 있다는 것을 사람들은 인정하게 되었다 (사실 어떤 경우에는 이 점을 직접 입증하기도 한다). 예컨대 'R' 상태에 있을 경우 단백질은 a 리간드와 결합할 수 있지만, β 리간드와는 결합하지 못한다. 반면 상태 'T'는 a는 배제한 채 오로지 β만을 식별한다. 그러므로 이 두 리간드 중 어느 하나의 리간드가 존재하게 되면, 그것은 두 상태 중 어느 한쪽 상태는 희생시키고 다른 쪽 상태만 안정화하는 결과를 가져온다. 그러므로 a와 β는, 그들 각자가 결합하는 단백질의 상태들이 서로 상대방을 배척하는 것이므로, 서로 길항拮抗관계에 있음을 알 수 있다. 이제, 오직 R 상태하고만 결합하는 세 번째 리간드 γ(이 γ가 기질이래도 좋다)가 있다고 가정해보자. 물론 γ는 R에게서 a가 달라붙는 곳과는 다른 곳에 달라붙을 것이다. a와 γ는 단백질을 지금 현재의 상태—기질(리간드 γ)을 식별하는 상태, 즉 R 상태—에 있도록 안정화하는 데 서로 협력할 것이다. 그러므로 리간드 a와 기질 γ는 이 R 상태를 활성화하는 반면, β는 이 상태를 저해하려 할 것이다. 어떤 분자군群이 얼마나 활성적이냐 하는 것은 그들 중 얼마나 많은 분자들이 이 R 상태에 있느냐에 비례할 것이며, R 상태에 있는 이 분자들의 비율은 분명히 세 개의 리간드 사이의 상대적인 농도와, R 상태와 T 상태 각각의 내적인 안정성에 좌우될 것이다. 바로 이런 방식으로 이 세 가지 화학적 포텐셜의 값에 의해 촉매반응이 제어된다.

이제 이상의 도식이 함축하고 있는 월등하게 가장 중요한 개념을 강조할 차례다. 바로 세 개의 리간드 사이에서 이뤄지는 협조적이거나 길항적인 상호작용은 완전히 간접적인 방식으로 이뤄진다는 점이다. 실제로, 리간드 자신들 사이에는 아무런 상호작용도 일어나지 않는다. 다만 전적으로 단백질과 각각의 리간드 사이에서만 상호작용이 일어난다. 이 근본적인 개념에 대해서는 뒤에 다시 살펴보고자 한다. 이 개념이 없이는 생명체에서의 사이버네틱 시스템의 기원 및 발달을 이해하는 것이 불가능하기 때문이다.◆

간접적 상호작용에 대한 이상의 도식으로부터, 이펙터들의 농도 변화에 대한 단백질의 비선형적 반응이 보여주는 세밀한 완전성도 마찬가지로 설명할 수 있게 된다. 알려져 있는 모든 알로스테릭 단백질들은 실로, 소수의 (두 개 내지 네 개, 혹은 드물게는 여섯, 여덟, 열두 개) 화학적으로 서로 똑같은 하위 단위체(프로토머protomère)들이 서로 비공유적으로 결합하여 만들어진 '올리고머oligomère'들이다. 각각의 프로토머들은 단백질이 식별해내는 각각의 리간드들이 달라붙을

◆   J. Monod, J.-P. Changeux, et F. Jacob, *Journal of Molecular Biology*, 6, pp. 306–329 (1963).

수 있는 수용기^{受容器}를 가지고 있다. 그런데 각각의 프로토머들은 한 개나 혹은 여러 개의 다른 프로토머와 결합할 때, 자신과 결합하는 이웃 프로토머들에 의해서 그 자신의 특이적 구조^{structure stérique}가 부분적인 변화를 겪도록 '속박된다'. 결정학^{結晶學}적 실험에 의해 확증된 이론에 따르면, 프로토머들의 결합으로 이뤄지는 올리고머 단백질은 자신을 구성하는 모든 프로토머들이 서로 기하학적으로 동등하게 되는 구조를 가지려는 경향이 있다. 그러므로 올리고머를 구성하는 프로토머들이 겪게 되는 속박은 이들 프로토머들 사이에 치우침 없이 고르게 퍼져나가게 된다.

이제 가장 간단한 경우인 다이머^{dimère, 二合體}의 경우를 예로 들어보자. 이 다이머가 두 개의 모노머^{monomère, 單量體}로 해리^{解離}될 때 생기는 결과가 무엇인지를 생각해보자. 결합이 깨어질 때 두 개의 모노머는, 서로 결합된 상태에서 그들 각각이 가진 상태—'속박된' 상태—와는 구조적으로 다른 어떤 상태—'이완된' 상태—를 띠게 된다.

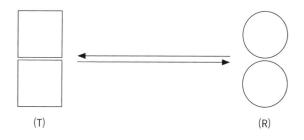

(T)   (R)

이런 경우를 두고 저 두 개의 프로토머가 겪는 상태 변화를 '협주^{協奏}된 것'이라고 말한다. 반응의 비선형성을 설명하는 것은 이러한 협주성$_{concertation}$이다. 실로 어떤 리간드 분자가 나타나 저 두 개의 모노머 중 하나를 해리된 상태 R에 있도록 안정화하면, 그것으로 다른 하나의 모노머가 결합된 상태에서 취하는 구조로 되돌아가는 것이 금지된다. 이는 반대 방향으로도 마찬가지다. 해리된 상태와 결합된 상태 사이의 균형은 리간드들의 농도의 2차 함수가 된다. 테트러머$^{tétramère, 四合體}$에서는 4차 함수가 되고, 계속해서 이런 식으로 반복된다.◆

나는 의도적으로 가능한 가장 간단한 모델만을 다루었다. '원초적인 것들'이라고 생각될 근거가 있는 몇몇 시스템에서 이 모델은 실제로 실현되고 있다. 실제로 존재하는 시스템에서 해리^{解離}가 완전하게 행해지는 경우란 극히 드물다. 해리된 상태든 결합된 상태든, 두 상태 모두에서 프로토머들은 어느 정도 결합되어 있는 것이다. 물론 한 상태에서의 결합이 다른 상태에서의 결합보다 많이 이완된 것이기는 하지만.

이상에서 논의된 내용을 기본으로 하는 수많은 변주^{變奏}들이 가능하다. 하지만 핵심적인 것은, 그 자체로는 지극히 간단한 것인 분자 구조가 알로스테릭 단백질의 '집적적인^{intégrative}' 속성을 설명할 수 있게 해준다는 것이다.

・ ・ ・

◆   J. Monod, J. Wyman, et J.-P. Changeux, *Journal of Molecular Biology*, 12, pp. 88-118 (1965).

이제까지 논의된 알로스테릭 효소들은 화학적 기능의 단위이면서 동시에 조절적 상호작용이 일어나도록 매개하는 요소이기도 하다. 이 효소들의 속성은 어떻게 해서 세포 대사의 항상적^{恒常的,} homéostatique 상태가 최대의 효율성과 최대의 정합성을 가지고 유지될 수 있는지를 이해하게 해준다.

효소 합성의 조절

'대사^{代謝}'라고 말하면 사람들은 주로 저분자의 화학적 변화와 화학적 포텐셜의 동원^{動員}을 생각한다. 하지만 세포 화학은 고분자나 핵산, 또는 (특히 효소 자신을 포함한) 단백질의 합성과 같은 또 다른 차원의 반응을 포함한다. 이 또 다른 차원에서도 역시 어떤 조절 시스템들이 작용하고 있음을 사람들은 오래전부터 알고 있었다. 이러한 차원의 조절 시스템들에 대한 연구는 알로스테릭 효소의 조절 시스템에 대한 연구보다 훨씬 어렵다. 실제로 그중 단 하나만이 현재까지 거의 완전히 분석될 수 있었다. 이 하나를 예로 들어보자.

락토스계^系라고 불리는 이 시스템은 대장균에서 세 가지 단백질의 합성을 관장한다. 이 중 하나의 단백질인 갈락토시드 파미아제 galactoside-perméase는 갈락토시드[◆]로 하여금 세포 내로 파고들어가 그 안에서 축적되도록 해준다. 이 단백질이 없다면 갈락토시드 당^糖은

◆　3장 83쪽 참조.

세포막에 의해 차단되어 그 안으로 파고들어갈 수 없는 것이다. 두 번째 단백질은 베타-갈락토시드 당을 가수분해한다(3장 참고). 세 번째 단백질의 기능은 아직 잘 파악되지는 않지만, 아마도 소소한 일을 하는 것으로 보인다. 하지만 처음 두 개의 단백질은 대장균이 락토스(유당乳糖)와 그 밖의 다른 갈락토시드 당들을 대사적으로 이용하는데 동시적으로 필요한 것들이다.

대장균이 갈락토시드를 포함하지 않은 배양기 속에서 발육할 때에는 이 세 가지 단백질이 합성되는 속도가 거의 측정할 수 없을 만큼 느리다. 평균하여 5세대마다 1분자의 비율로 합성된다. 그런데 갈락토시드를 (이 경우, '유도물질'이라 불린다) 배양기 속에 넣으면 거의 즉시 (대략 2분 내로) 세 가지 단백질의 합성 속도는 천 배로 증가하고 유도물질이 있는 한 이 속도는 계속 유지된다. 유도물질이 제거되면 합성 속도는 2~3분 이내로, 다시 애초의 속도로 곤두박질친다.

그림 4의 도식이 이 경이롭고 거의 기적적이기까지 한 합목적적◆·26 현상을 분석한 결론을 요약하고 있다.

이 도식의 오른쪽 부분은 메신저 RNA가 어떻게 합성되고 또 그것이 어떻게 폴리펩티드 배열로 번역되는지를 나타내는 것이므로

◆　1930년대에 이 현상에 대한 연구에 대단한 기여를 한 핀란드의 연구자 칼스트롬(Karstrom)은 이후에 연구를 그만두고 수도사가 되었다고 한다.

26 · 모노는 이 주석을 '합목적적'이라는 말에 대해 달고 있다. 칼스트롬을 수도사가 되도록 만든 것은 그가 이 합목적성을 과학적으로는 설명될 수 없는 어떤 초자연적인 힘의 개입으로 생각했었기 때문이라는 암시를 주기 위해서로 보인다.

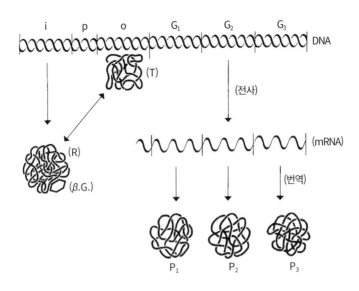

〈그림 4〉 락토스계의 효소 합성의 조절

R : 유도물질인 갈락토시드(육각형으로 표현되어 있다)와 결합된 상태의 억제 단백질
T : DNA의 오퍼레이터 부위(o)와 결합된 상태의 억제 단백질
i : 억제 단백질의 합성을 관장하는 조절 유전자
p : 메신저 RNA(mRNA) 합성의 시작 지점인 프로모터 부위
G_1, G_2, G_3 : 세 개의 단백질(P_1, P_2, P_3)의 합성을 관장하는 구조 유전자

여기서는 논의하지 않아도 된다. 다만 이 메신저는 수명이 고작 몇 분 정도로 매우 짧기 때문에 그것이 합성되는 속도가 저 세 개의 단백질이 합성되는 속도를 결정한다는 점만을 짚고 가도록 하자. 우리가 관심을 갖는 것은 이 조절 시스템을 구성하는 요소들에 관해서다. 이 구성요소들에는 다음과 같은 것들이 있다.

　- '조절' 유전자 (i)

　- '억제' 단백질 (R)

- DNA의 '오퍼레이터(작동)' 부위 (o)

- DNA의 '프로모터(추진)' 부위 (p)

- 유도물질인 갈락토시드 분자 (βG).

이들 요소들 각각은 다음과 같은 기능을 한다.

a) 조절 유전자는 억제 단백질이 변하지 않고 늘 같은 아주 느린 속도로 합성되도록 한다.

b) 억제 단백질은 오퍼레이터 부위를 입체특이적으로 식별해내어, 그것과 아주 안정적인 복합체(약 15킬로칼로리의 ΔF에 상당)를 이루며 결합한다.

c) 이러한 상태에서는, 단순한—참말이지 단순하다—입체 방해에 의해서, 메신저의 합성(RNA-폴리메라아제 효소의 개입이 있어야지만 이 합성이 일어난다)이 차단된다. 이 합성이 시작되는 지점은 프로모터 단계이기 때문이다.[27]

d) 억제 단백질은 β-갈락토시드 역시 식별해낸다. 하지만 억제 단백질이 β-갈락토시드와 결합하기 위해서는 오퍼레이터 부위로부터 풀려나와야 한다. 그렇기 때문에 β-갈락토시드가 있게 되면, 억제 유전자와 오퍼레이터 사이의 복합체는 해체되고, 따라서 메신저의

---

27 · 앞의 그림 4를 보면 알겠지만, 억제 단백질이 오퍼레이터 부위와 입체적으로 결합되어 있는 상태에서는, 프로모터 부위에서부터 시작되는 RNA의 합성을 억제 단백질이 그 중간에서 억제하고 있게 된다. 즉 억제 단백질이 오퍼레이터 부위와 입체적으로 결합하여 이 오퍼레이터 부위가 제 기능을 발휘하지 못하도록 억제함으로써, RNA가 합성되는 것을 저지하는 것이다. '입체 방해'란 이처럼 억제 단백질이 오퍼레이터 부위와 **입체적으로** 결합함으로써 RNA가 합성되는 것을 **방해하는** 상태를 일컫는다.

합성이 이뤄지게 되어 단백질의 합성 또한 이뤄지게 된다.◆

억제 단백질의 이 두 가지 상호작용이 비공유적이며 가역적可逆的이라는 점과 특히 유도물질(β-갈락토시드)은 이 억제 단백질과 결합하더라도 어떤 변화도 겪지 않는다는 점을 강조할 필요가 있다. 자, 그러므로 이 계의 논리는 지극히 단순하다. 억제 단백질은 전사轉寫가 일어나지 못하도록 억제하고 있는 것이다. 그리고 억제 단백질의 이러한 작용은 다시 유도물질에 의해 억제된다. 이 '이중의 부정'으로 부터 어떤 긍정적인 결과가 나오게 된다. 이 '부정의 부정'의 논리가 변증법적이지 않음에 주목하라. 이 '부정의 부정'은 어떤 새로운 명제에 도달하는 것이 아니라, 이미 본래부터 있던 명제, 즉 DNA의 구조 속 유전암호에 따라 이미 쓰여져 있던 명제를 단순히 반복한 것에 지나지 않는다. 생물학적 조절 시스템의 논리는 헤겔의 논리가 아니라 불Boole 대수의 논리를, 전자계산기의 논리를 따르고 있는 것이다.

오늘날 우리는 (박테리아들에게서) 대단히 많은 수의 이와 유사한 시스템을 알고 있다. 이들 시스템 가운데 아직까지 완전히 '해부된' 것은 아무것도 없지만, 그중 몇몇의 논리는 '락토스계'의 논리보다 훨씬 더 복잡할 것이란 사실만큼은 확실한 듯하다. 특히 이들은 오로지 부정적인 상호작용만을 포함하고 있는 것은 아닐 것이다. 하지만 락토스계에 대한 분석을 통해 얻어낼 수 있는 가장 일반적이고 가장

◆ F. Jacob et J. Monod, *Journal of Molecular Biology*, 8, pp. 318-356 (1961). Cf. également "The lactose operon", Cold Spring Harbor Monograph (1970), J.R. Beckwith et David Zipser Ed.

의미심장한 개념은 이들 다른 시스템들에게도 역시 유효하다. 이 개념은 다음과 같은 것들이다.

a) 억제물질은 그 자체로는 어떤 활성^{activité}도 갖고 있지 않으며 단지 화학적 신호의 순전한 중개자(전달자)일 뿐이다.

b) 갈락토시드가 효소 단백질의 합성에 미치는 영향은, 전적으로 억제물질이 가진 식별속성에서 기인하는 것이므로, 즉 이 억제물질이 서로 배타적인 두 가지 상태를 취할 수 있다는 사실에서 기인하는 것이므로, 완전히 간접적인 것이다. 그러므로 이것은 앞에서 일반적인 도식으로서 논의한 적이 있는 알로스테릭 상호작용인 것이다.

c) β-갈락토시다아제(효소)가 β-갈락토시드를 가수분해한다는 사실과 이 β-갈락토시다아제의 생합성^{生合成}이 이 β-갈락토시드에 의해 유도된다는 사실 사이에는 아무런 화학적으로 필연적인 관계가 없다. 생리학적으로는 유용하고 '합리적인^{rationnelle}' 관계지만, 이 관계는 화학적으로는 자의적인^{arbitraire} 것이다. 이런 것을 두고 '무근거^{無根據}한^{gratuite} 것'이라고 부른다.[28]

28· β-갈락토시드는 억제물질과 결합함으로써, 이 억제물질에 의해 그 합성이 저지되고 있던 β-갈락토시다아제가 합성되도록 만든다. 이때 β-갈락토시드가 이러한 β-갈락토시다아제의 생합성에 미치는 영향은 순전히 간접적인 것이다. 즉 β-갈락토시드는 β-갈락토시다아제의 생합성을 저지하고 있던 억제물질과 결합하여 이 억제물질의 억제작용을 억제하는 역할만을—즉 유도물질로서의 역할만을—수행할 뿐이다. 한편, β-갈락토시다아제가 β-갈락토시드를 가수분해한다는 것은 앞에서 말했다. 그러므로 β-갈락토시드는 β-갈락토시다아제를 만들어내고, 거꾸로 β-갈락토시다아제는 β-갈락토시드를 만들어내는 선순환의 관계가 성립한다. 각자가 상대방을 만들어내고 또한 이 상대방에 의해 자기 자신이 만들어지는 이런 순환관계는 생리학적으로 대단히 유용하며 효율성이란

무근거성이라는 개념

무근거성이라는 근본적인 개념, 즉 어떤 화학적 신호가 수행하는 기능fonction과 이 기능을 통제하는 화학적 신호의 본성nature 사이에는 화학적으로 아무런 관련이 없다는 사실을 나타내는 이 개념은 알로스테릭 효소에 적용된다. 이런 경우에는 하나의 동일한 단백질 분자가 특이적인 촉매기능과 동시에 조절기능을 함께 수행한다. 그러나 앞에서 본 바와 같이, 이러한 알로스테릭 상호작용은 간접적인 것이다. 즉, 이 상호작용은 전적으로 단백질이 그것이 취할 수 있는 두 개의 (혹은 여러 개의) 서로 다른 상태들 각각에서 서로 다른 입체특이적 식별속성을 가진다는 사실에 의해 이뤄진다. 알로스테릭 효소의 기질과 이 효소의 활성을 촉진시키거나 억제하는 리간드 사이에는 아무런 **화학적으로 필연적인** 구조상의 관계나 반응상의 관계가 없다.

관점에서 더없이 '합리적'이다. 그런데 만약 우리가 β-갈락토시드가 β-갈락토시다제를 만들어내는 데 기여하는 방식이 순전히 **간접적**일 뿐이라는 사실을 모른다면, 다시 말해 만약 이런 내막을 모른 채 'β-갈락토시드가 β-갈락토시다제를 만들어내고, 거꾸로 β-갈락토시다제가 β-갈락토시드를 만들어내는 현상'을 순전히 겉에서만 관찰한다면, 우리는 β-갈락토시드와 β-갈락토시다제 사이에 어떤 '화학적으로 필연적인 관계'가 있는 것이라고 생각하게 될 것이다. 즉, 이 둘 사이에 있는 어떤 화학적인 친연관계에 의해 이러한 선순환관계가 생기는 것이라고 생각하게 될 것이다. 하지만 이제 내막을 알게 되면 이러한 선순환관계는 어떤 '화학적으로 필연적인 관계'에 의해서 얻어진 것이 아니라 전혀 이러한 관계가 없는 가운데 그저 **공짜로, 무상(無償)으로** 얻어진 것이라는 점을 알게 된다. '무근거성(무상성)'이란 개념은 화학적으로는 순전히 자의적이면서도—즉 아무런 필연적인 근거가 없으면서도—생리학적으로는 결정적인 의의를 가진 이러한 관계를 나타내기 위해 사용된 것으로 보인다.

알로스테릭 상호작용의 특이성spécificité은 결국 리간드의 구조와는 무관하다. 이러한 특이성은 서로 다른 상태들을 취할 수 있는 단백질의 구조에 전적으로 의거하며, 이러한 단백질의 구조는 또한 유전자의 구조에 의해 자유롭게 또한 자의적으로 지정된다. 이로부터 다음과 같은 핵심적인 결론이 나오게 된다. 알로스테릭 단백질의 매개에 의해 이뤄지는 조절작용과 관련해서는, 모든 것이 다 가능하다는 점이다. 알로스테릭 단백질은 분자 '공학기술'engineering moléculaire의 전문적인 산물로서 이해되어야 한다. 즉 이것은 화학적인 친연관계가 없는 물질들 사이에 어떤 긍정적이거나 부정적인 상호작용이 일어나도록 만들며, 또한 이렇게 하여 어떤 아무개의 화학반응으로 하여금 이 화학반응과는 화학적으로 무연無緣하고 무관계한 어떤 화합물이 생겨나는 것을 제어하도록 만드는 분자 공학기술이다. 알로스테릭 상호작용의 작동 원리는 그러므로 제어 시스템asservissements을 '선택'하는 데 있어서 완전한 자유를 허락해준다. 제어 시스템은 일체의 화학적 구속으로부터 벗어나게 됨으로써, 더더욱 잘 오직 생리학적 요구에만 따를 수 있게 될 것이며, 그리하여 이러한 제어 시스템은 세포나 유기체에 더 많은 정합성과 효율성을 부여해줌으로써, 그 덕분에 살아남도록 자연에 의해 선택받을 것이다. 결국, 제어 시스템의 무근거성이야말로 분자적 진화에 실질적으로 무한한 모색의 장을 열어준 것이며, 그리하여 사이버네틱적 상호연관의 거대한 네트워크가 구축되도록 하여 유기체로 하여금 하나의 자율적인 기능 단위—그의 행위들이 화학의 법칙들을 초월하거나 벗어나는 것처럼 보이는 자율적인 기능 단위—가 되도록 만든 것이다.

이상에서 본 것처럼 유기체의 행위들을 미시적이고 분자적인 차원에서 분석해보면, 모든 것은 특이적인 화학적 상호작용들에 의해—이 상호작용들은 조절 단백질들에 의해 자유롭게 선택되고 조직화되었으며 또한 자연선택에 의해 확실하게 된 것들이다—완전히 해석될 수 있는 것처럼 보인다. 자율성autonomie의 궁극적 원천이란, 보다 정확히 말해, 생명체의 행위들을 특징짓는 자율결정autodétermination의 궁극적 원천이란, 틀림없이 바로 이 분자들의 구조 속에 있는 것이다.

우리가 이제까지 연구해온 시스템들은 개별 세포 안에서 일어나는 행위들을 서로 조절함으로써 개별 세포 하나를 기능적 단위로 만드는 시스템들이다. 다세포 생물에게는 세포들 서로 간의, 또한 조직이나 기관들 서로 간의 상호조절을 가능하게 해주는 전문적인 시스템들이 있다. 신경계나 내분비계뿐만이 아니라 세포 서로 간의 직접적인 상호작용도 이런 일을 수행한다. 나는 여기서 이들 시스템들의 기능에 대한 분석을 시도하지 않겠다. 이에 대한 미시적인 서술은 아직도 거의 이뤄지고 있지 않다. 그렇지만 나는 이들 시스템에서 화학적 신호들의 전달과 해석을 가능하게 해주는 분자적 상호작용들은 서로 다른 입체특이적 식별력을 가진 단백질들 덕분에 일어나는 것이라는 가설을, 또한 이러한 입체특이적 식별력을 가진 단백질들의 활동에는 알로스테릭 상호작용들에 대한 연구에서 밝혀진 이 화학적 무근거성이라는 핵심원리가 그대로 적용된다는 가설을 지지한다.

· · ·

'전체론'과 환원론

이 장을 끝내면서 '환원론자'와 '유기체론자organiciste' 사이의 오래된 논쟁을 되돌아보는 것도 의의가 있으리라. 생명체와 같은 복잡한 시스템의 경우, 이들에 대한 분석적인 접근방식을 폄훼하려 드는 학파들이 있다. 이들 학파들은 모두들 알게 모르게 헤겔의 영향을 받았다. 매 세대마다 마치 불사조인 양 다시 부활하는 이들 (유기체론적인 혹은 전체론적인) 학파들에 따르면,[*] 분석적인 태도는 '환원론자들'의 것으로서, 아주 복잡한 유기체의 속성들을 그 부분들이 가진 속성들의 '총합'으로 단순하고 소박하게 환원하기를 원하는, 언제까지나 아무런 결실도 맺지 못할 불모不毛의 주장이다. 하지만 이것은 실제로 '전체론자들'이 과학적 방법에 대해, 또한 이 과학적 방법에서 분석이 수행하는 본질적인 역할에 대해, 얼마나 철저하게 무지한지만을 드러내는 아주 잘못되고 바보 같은 논쟁일 뿐이다. 가령 지구에서 만들어진 계산기가 어떻게 작동하는지를 알고 싶어하는 화성인 기술자가 있다면, 산술 연산을 수행하는 기본 전자 부품들을 뜯어보지 않고서도 그가 어떤 결론에인들 도달할 수 있을 것이라고 상상이나 할 수 있겠는가? 분석적 방법이 가진 강력함에 비해 유기체론자들의 주

◆ Cf. *Beyond Reductionism*, Koestler et Smythies, ED. Hutchinson, Londres, 1969.

장은 불모성을 면치 못한다는 점을 다른 어느 것보다 가장 잘 실증해 보이는 분자생물학의 영역이 있다면, 그것은 바로 이 장을 통해 간략하게 살펴본 미시적 사이버네틱에 대한 연구다.

알로스테릭 상호작용에 대한 분석은 무엇보다도 합목적적인 활동이 구성성분을 많이 가진 복잡한 시스템의 독점적인 전유물이 아니라는 사실을 보여준다. 단 하나의 단백질 분자도 이미 어떤 반응을 선별적으로 활성화할 수 있을 뿐만 아니라 여러 가지 화학적 정보에 따라 자신의 활동을 조절할 수 있는 능력을 가지고 있음을 보여준다.

두 번째로 우리는 무근거성이란 개념 덕분에, 이러한 분자적 상호 조절작용이 어떻게 해서 또한 왜 화학적 구속으로부터 벗어나 오직 시스템의 정합성에 기여하는 점에 의해서만 선택되고 도태될 수 있었는지를 알게 된다.

마지막으로 이러한 미시적 시스템들에 대한 연구를 통해 우리는 생명체들의 사이버네틱적 네트워크가 가진 복잡성과 풍부함, 강력함이 단지 생명체의 거시적인 작용들에 대한 연구를 통해 짐작할 수 있는 것보다 훨씬 더 대단한 것임을 알게 된다. 물론 가장 단순한 세포의 사이버네틱 시스템에 대해서마저도 완전한 분석에 이르기까지는 아직 한참 멀었다. 하지만 지금까지 이뤄진 분석만을 가지고도 세포의 모든 활동들이 하나의 예외도 없이 모두들 세포의 성장과 증식을 위해 서로 협조하며, 직접적으로든 간접적으로든 서로 제어하는 관계에 있다는 것을 알 수 있다.

생명체가 모든 물리적 법칙들을 준수하면서도 자기 자신의 의도를 추구하고 실현하기 위해서 이 법칙들을 초월한다는 것이 어떤 실질적인 의미에서 그렇다는 것인지를 우리가 이해할 수 있게 된다면, 그것은 바로 이러한 분석적 기반 위에서이지 모호한 '체계에 대한 일반이론'◆과 같은 기반 위에서가 아니다.

◆　　Von Bertalanfy, in Kœstler, *loc. cit.*

05

—

분자 개체 발생

생명체는 그 거시적인 구조나 기능에 있어서는 기계와 아주 닮아 있다는 것을 우리는 보았다. 하지만 생명체와 기계는 각자 만들어지는 방식에 있어서는 근본적으로 서로 다르다. 기계의, 즉 어떤 인공물의 거시적인 구조는 외부의 힘의 작용에 의해서, 즉 재료에다 형상을 덮어씌우는 외적 도구의 힘에 의해서 만들어진다. 대리석으로부터 아프로디테의 형상을 만들어내는 것은 조각가의 끌이지만, 이 여신 자신은 (우라노스의 피투성이가 된 생식기에 의해 수태된) 바다 파도의 포말로부터 태어났다. 이 포말로부터 여신의 몸은 자기 스스로의 힘만으로 개화開花한 것이다.

이 장에서 나는 이러한 자발적이고 자율적인 형태발생의 과정을 끝까지 분석해보면 결국 이 과정은 단백질들의 입체특이적 식별력에 근거하고 있다는 것을 보여주고자 한다. 이러한 과정은 거시적인 구조에서 드러나기 이전에 그보다 먼저 미시적인 차원에서부터 일어난다. 결론적으로 나는 단백질들이 가진 인지 능력의 '비밀'을, 단백질들을 생명체를 살아 있게 만들고 그 구조를 만들어내는 맥스웰의 도깨비가 되도록 만드는 능력의 비밀을, 그들의 1차 구조 속에서 찾으려 할 것이다.

우선 우리가 지금 다루려고 하는 문제, 즉 발생[29]의 메커니즘에 관한 문제는 아직도 생물학이 풀지 못한 수수께끼라는 점을 강조해야겠다. 실로 발생학이 발생 과정을 제아무리 훌륭하게 묘사하고 있다 하더라도, 거시적 구조의 개체발생을 미시적 상호작용에 의해 분석한다는 것은 아직도 턱없이 요원한 일이다. 하지만 몇몇 분자 구조물의 조립과정은 오늘날 아주 잘 이해되고 있다. 나는 이 과정이 참으로 하나의 '분자 개체발생'에 해당한다는 것을, 즉 이 과정의 본질이 물리적인 것임이 드러난다는 것임을 보여주려 한다.

나는 앞에서 이미 구상 단백질은 흔히 몇몇 소수少數의 화학적으로 서로 동일한 하위 단위들의 결합체로서 존재한다고 이야기한 바 있다. 이들 단백질을 구성하는 하위 단위들은 일반적으로 그 수가 적으므로, 사람들은 이들 단백질을 '올리고머oligomère'라고 말한다. 이들 올리고머의 하위 단위들(프로토머protomère)은 전적으로 서로 비공유 결합으로 결합되어 있다. 게다가 이미 본 바와 같이, 하나의 올리고머 분자 속에 들어 있는 프로토머들은 각자가 서로에게 기하학적으

---

29 · '발생(développement)'이란 수정란이 분화되어 성체(成體)가 형성되는 과정을 말한다. 이 과정을 전문적으로 다루는 생물학의 분과가 '발생학(embryologie)'이다.

로 동등하도록 배열되어 있다. 그렇기 때문에 필연적으로 각각의 프로토머들은 대칭 조작에 의해서, 즉 회전에 의해서, 다른 어떤 프로토머로도 전환할 수 있게 된다. 이와 같이 구성된 올리고머가 회전에 의한 점군點群의 어떤 하나의 대칭 요소를 갖는 것은 쉽게 증명할 수 있다.

올리고머 단백질에 있어서 하위 단위들의 자발적 결합

그러므로 올리고머 분자는 참으로 미시적인 결정結晶을 이룬다. 하지만 이 결정은 내가 '폐쇄 결정'이라고 부르는 어떤 특별한 부류의 결정에 속한다. 내가 이렇게 부르는 것은 소위 공간군空間群에 속하는 기하학적 배치 중 한 배치를 가지고 있는 보통의 결정과는 달리, 이 결정은 반드시 새로운 대칭 요소들을 얻어야만—이렇게 될 때 이전에 가지고 있던 몇몇 대칭 요소들을 보통 잃어버리게 된다—생장할 수 있기 때문이다.

또한 우리는 이 단백질의 몇몇 기능적 속성이 그의 올리고머로서의 상태와 관련 있으며 또한 그의 대칭적인 구조와 관련 있다는 것을 보았다. 그러므로 이 미시적인 구조물이 어떻게 조립되는가 하는 것은 물리학적으로 흥미 있는 만큼 생물학적으로도 의미심장한 문제를 제기한다.

하나의 올리고머 분자 속에 있는 프로토머들은 서로 비공유결합에 의해서만 결합되어 있기 때문에, 별로 어렵지 않은 방법으로도

(가령 고온처리를 하거나 격렬한 화학제를 쓰거나 하지 않고서도) 쉽게 서로 해리解離시킬 수 있다. 이렇게 단량체單量體, 모노머들로 해리된 상태에서의 단백질은 보통 그의 모든 기능적 속성들(촉매적이거나 혹은 조절적인 속성들)을 잃게 된다. 그런데 이 점이 중요한데, 초기의 '정상적인' 조건이 다시 회복되면, 가령 해리용 시제試劑를 제거한다거나 하면, 올리고머 결합체가 다시 자발적으로 형성되어 그 본래의 상태를 다시 완전히 복원하게 되는 것을 (본래와 같은 수의 프로토머들이 전과 같은 대칭을 이루어 원래의 기능적 속성들이 온전히 재출현하게 되는 것을) 일반적으로 관찰할 수 있다.

게다가 어떤 특정한 단백질을 구성하는 하위 단위들이 이처럼 그들끼리 서로 알아보고 자발적으로 재결합하는 일은 비단 이 단백질만을 포함하고 있는 용액에서만 일어나는 현상이 아니다. 수백, 수천 가지의 다른 단백질들을 포함하고 있는 복잡한 혼합 상태의 용액에서도 이와 같은 그들끼리의 자발적인 재결합은 역시 마찬가지로 아주 잘 일어난다. 이것은 여기에서도 또 한 번 극도의 특이성을 드러내는 식별 과정이 존재한다는 증거다. 이러한 재결합도 관련되는 프로토머들을 서로 결합시키는 '비공유적 입체 복합체'의 형성에 의해서 일어나는 것이 분명하다. 이러한 재결합 과정은 분명히 후성적後成的, épigénétique인 것으로 생각될 수 있다.◆ 왜냐하면 일체의 대칭성

◆　배(胚)가 발생하는 동안 새로운 구조와 속성들이 생겨나는 것을 흔히 '후성적' 과정이라고 생각해왔다. 새로운 구조와 속성들이 생겨나는 배의 발생 과정은 유기체가 (최초의 수정란이라는) 순수 유전적 소여(所與)로부터 출발하여 점차적으로 풍부해져간다는 증명

을 결여하고 있는 모노머 분자들의 용액으로부터, 보다 크고 보다 차원이 높은 분자들이 생겨났기 때문이다. 그것도 그들이 생겨나기 전에는 전혀 없었던 기능적인 속성들을 새로 얻은 채 말이다.

지금 우리의 관심을 끄는 중요한 핵심은 이 분자적인 후성 과정이 가지고 있는 자발적인 성격이다. 이 과정은 다음과 같은 두 가지 의미에서 **자발적**이다.

1. 올리고머의 형성에 필요한 화학적 포텐셜을 계^系 내에 주입할 필요가 없다. 이 화학적 포텐셜이 모노머들의 용액 속에 이미 들어 있다고 보아야 한다.

2. 이처럼 열역학적으로 자발적인 이러한 과정은, 또한 운동학적으로도cinématiquement 역시 자발적이다. 이 과정을 활성화하기 위해 어떤 촉매도 필요치 않다. 이는 이뤄지는 결합이 비공유결합이기 때문에 그런 것이 분명하다. 이러한 결합이 형성되거나 파괴되는 데에는 단지 거의 제로에 가까운 활성화 에너지만이 필요하다는 사실이 대단히 중요하다고 우리는 이미 강조하였다.

이라고 생각했기 때문이다. '후성적'이라는 이 형용사는 오늘날에는 극복된 예전의 이론들과 관련하여 종종 사용된다. 예전에는 '전성론자(前成論者, préformationiste)'들과 '후성론자'들이 대립했던 것이다 (전성론자들은 수정란이 성체의 모습을 한 난쟁이를 이미 내장하고 있다고 생각하였으며, 후성론자들은 최초의 수정란 상태에서는 전혀 없는 새로운 구조와 속성이 **정말로 점차적으로 풍부하게 생겨나는 것**이라고 믿었다). 여기서 나는 이 '후성적'이라는 말을 어떤 이론과도 관련시키지 않으며, 단지 모든 구조적·기능적 발생 과정을 가리키기 위해서만 사용하는 것이다.

복합 입자들의 자발적 구조형성

이러한 현상은 여러 분자들을 포함하고 있는 용액으로부터 분자 결정結晶이 형성되는 것과 대단히 유사하다. 분자 결정의 형성에서도, 같은 화학종에 속하는 분자들 사이의 결합을 통한 질서의 자발적인 구성이 일어난다. 이들 사이의 유사성은, 두 경우 모두 단순하고 반복적인 기하학적 규칙에 따르는 규칙적인 구조가 형성되기 때문에, 더욱더 명확해지는 것이다. 그런데 최근에는 이보다 훨씬 더 복잡한 구조를 가진 몇몇 세포소기관細胞小器官도 마찬가지로 자발적인 모임의 산물이라는 것이 밝혀졌다. 리보솜이라고 불리는 입자의 경우가 그러한데, 이 입자는 유전암호를 번역하는 메커니즘을 구성하는 중요한 요소다. 즉 단백질 합성의 중요 구성요소인 것이다. 분자량이 106에 이르는 이 리보솜 입자는 약 50여 개의 단백질과 세 종류의 서로 다른 핵산이 모여서 이뤄진 것이다. 이 갖가지 구성요소들이 리보솜 내에서 어떻게 배치되어 있는지는 아직 정확히 알려진 바가 없지만, 이들이 극도로 정밀하게 조직되어 있으며 리보솜 입자의 기능적 활동이 이들의 이러한 정밀한 조직화 덕분이라는 점은 확실하다. 그런데 실험실 상황에서, 리보솜의 이러한 갖가지 구성요소들이 서로 해리되어 있을 경우, 이들이 원래의 리보솜과 비교하여 똑같은 조성組成과 똑같은 분자량, 그리고 똑같은 기능적 활동을 가진 입자를 자발적으로 재구성하는 것을 관찰할 수 있다.◆

그런데 복잡한 분자 구조물의 자발적 구축에 대해서 오늘날 알고 있는 가장 괄목할 만한 사례는 아마도 몇몇 박테리오파지 bactériophage의 사례일 것이다.** 박테리오파지 T4의 복잡하고 매우 정밀한 구조는 이 입자의 기능에 잘 대응하고 있다. 그 기능이란 것은 단순히 이 입자 자신의 게놈(즉 DNA)을 보호할 뿐만 아니라 숙주의 세포벽에 들러붙어서 주사기처럼 자기가 갖고 있는 DNA를 그 속에 주입하는 것을 말한다. 이처럼 정밀한 미시적 기계를 구성하는 갖가지 부품들은 이 바이러스의 여러 돌연변이체로부터 각각 따로 따로 얻어질 수가 있다. 실험실 상황에서 이 부품들이 마구 혼합되어 있는 경우, 이들은 **자발적으로** 서로 모여들어, 정상적인 것과 똑같은 입자를, 즉 자신의 DNA를 주입하는 기능을 발휘할 수 있는 입자를 재구성하게 된다.***

이 모든 관찰은 비교적 최근에 이뤄진 것들이다. 아마도 미토콘드리아나 세포막 등의 더욱더 복잡한 세포소기관들을 실험실 상황에서 재구성해내는 일과 같은 중요한 진보가 앞으로 이뤄질 것으로 기대된다. 좌우지간 여기서 검토해본 몇 가지 사례만으로도, 기능적 속성들을 가능케 하는 복잡한 구조가, 이 구조를 구성하는 단백질 요소들의 입체특이적이고 **자발적인** 결합이라는 과정에 의해서 구축된다는 사실은 충분히 보여줄 수 있었다. 개별적으로 떨어져 있는 상태

◆ M. Nomura, 〈Ribosomes〉, *Scientific American*, 221, 28 (1969).

◆◆ 박테리아를 공격하는 바이러스를 '박테리오파지'라고 부른다.

◆◆◆ R.S. Edgar et W.B. Wood, 《Morphogenesis of bacteriophage T4 in extracts of mutant infected cells》, *Proceedings of the National Academy of Science*, 55, 498 (1966).

에서는 오직 (서로의 결합을 통해 장차 함께 어떤 구조를 구축하게 될) 자신의 파트너를 식별해내는 것 이외에는 그 어떤 다른 활성活性이나 내재적인 기능적 속성도 일체 가지고 있지 않던 분자들의 무질서한 혼합으로부터 질서가 '출현'하며 구조적 분화가 일어나며 기능이 생기는 일이 여기에서 일어나는 것이다. 리보솜이나 박테리오파지가 결정에 비해 그 복잡성의 정도가 즉 질서의 정도가 대단히 높은 수준의 것이라는 이유에서 그들의 형성 과정을 더 이상 '결정화結晶化'란 이름으로 부를 수 없다고 하더라도, 그들의 형성에 관여하는 화학적 상호작용들은 최종적으로 분석해보면 결국 어떤 분자 결정을 구축하는 화학적 상호작용들과 동일한 성격의 것임이 드러난다. 결정의 경우에서와 마찬가지로 이들에게도, 전체의 구축을 위한 '정보'의 원천이 되는 것은 서로 결합하여 전체를 이루는 개별적 분자들 각각의 구조 자체다. 그러므로 이런 복잡한 구조가 후성적으로 발생하는 과정의 본질은 다음과 같다. 즉 다多분자로 구성된 복잡한 구조물의 전체적인 조직은, 이 전체를 구성하는 개별 구성요소들 각각의 구조 속에 잠재적으로 포함되어 있는 것이지만, 이들 개별 구성요소들이 서로 결합해야지만 비로소 그 모습을 드러내고 현실화되는 것이다.

이렇게 분석되고 보니, 전성론자와 후성론자 사이의 오랜 논쟁은 어떠한 흥미도 끌지 못하는 한갓 말뿐인 논쟁임이 드러난다. 완성된 구조 자체는 그 모습 그대로는 그 어디에도 미리 만들어져 있지 않았다.[30] 하지만 구조의 설계도plan는 그 구조를 구성하는 구성요소들 자체에 이미 들어 있다.[31] 그렇기 때문에 구조가 그처럼 자율적이고 자발적으로, 즉 어떠한 외부의 개입이나 새로운 정보의 주입도 없이 실현될 수 있는 것이다. 전체의 구조를 형성하는 데 필요한 정보는 그 전체를 구성하는 개별 구성요소들 속에 이미 주어져 있었지만 présent, 다만 겉으로 표현되지 않고inexprimé 있었던 것이다. 어떤 구조가 후성적으로 형성된다는 것은 창조création가 아니라 드러남révélation, 開示이다.[32]

. . .

미시적 형태 발생과 거시적 형태 발생

미시적 구조물의 형성에 대한 연구에 근거를 둔 이러한 생각이

---

30 · 즉 전성적이지 않은 것이다. 즉 이런 의미에서는 전성론자들이 틀렸다.

31 · 이런 의미에서는 전성론자들이 옳다. 따라서 전성론자들이 (또한 후성론자들이) 어떤 면에서는 이처럼 옳고 또 어떤 면에서는 이처럼 그르다는 사실은, 전성론이니 후성론이니 하는 전통적인 분류법이 발생의 과정을 제대로 파악하고 개념화하는 데 더 이상 유효하지 않음을 보여주는 것이다.

32 · 아이들이 좋아하는 '레고 맞추기'를 생각하면 될 것이다. 물론 레고들을 서로 맞추어야지만 비로소 어떤 전체구조가 만들어진다. 하지만 이 전체구조의 형성에 열쇠를 쥐고 있는 것은 서로 맞추어지는 각각의 레고의 구조다. 각각의 레고들이 서로 다른 특이적인 구조를 갖고 있기 때문에, 서로 맞추어질 수 있는 레고들이 있고 반면 그럴 수 없는 레고들도 있다는 점을 생각해보면 이해가 쉬울 것이다. 따라서 이런 의미에서, 각각의 레고가 갖는 구조가 그들이 서로 맞추어져 형성되는 전체의 구조를 이미 지시하고 있다고 생각할 수 있다. 전체구조의 형성은 각각의 레고의 구조 속에 포함되어 있지 않던 전혀 새로운 것을 **창조해내는** 과정이 아니라, 각각의 레고의 구조에 의해 이미 포함되어 암시되고 있던 것을 비로소 **드러내는** 과정인 것이다.

마찬가지로 거시적 구조(조직, 기관, 사지 등)의 후성적 발생에 대해서도 설명할 수 있고, 또 설명해야 한다는 사실을 현대 생물학자들은 의심하지 않는다. 물론 아직까지는 이러한 설명은 직접적인 확인이 결여된, 외삽[33]에 의한 설명이라는 점을 인정하면서도 말이다. 실로 이와 같은 문제는 그 크기에서뿐만 아니라 복잡성에 있어서도 전혀 다른 또 하나의 차원으로 제기된다. 이 차원에서 가장 중요한 구조-구축적 상호작용은 분자 구성요소들 사이에서가 아니라 세포들 사이에서 일어난다. 여기에서도, 같은 조직을 구성하는 개별 세포들 각자는 서로를 변별적으로 식별해낼 수 있으며 그리하여 짝이 맞는 것끼리 모일 수 있다는 것이 밝혀졌다. 그렇지만 이들 세포들이 어떤 구성요소들과 어떤 구조를 갖기에 이처럼 서로를 알아볼 수 있는지는 아직 아는 바가 없다. 모든 정황을 미루어 볼 때, 세포막들의 특징적인 구조들로 인해 이런 일이 일어나는 것 같다. 하지만 이러한 식별요인들이 개별 분자들 각각의 구조들인지 아니면 표면의 다분자 네트워크인지에 대해서는 모르고 있다.◆ 그게 무엇이든지간에, 그리고 이러한 식별요인이 설령 단백질에 의해서만 전적으로 구성된 것이 아닌 네트워크라고 할지라도, 최종적으로 분석해보면 이러한 네

---

33 · 주어진 자료들 사이의 내적인 틈을 메워나가는 추론의 방법과는 달리, 주어진 자료들로부터 출발하여, 그것들의 밖으로 나아가 주어지지 않는 것들에 대해서 미루어 짐작해가는 추론의 방법을 '외삽(外揷, extrapolation)'이라 말한다.

◆ J.-P. Changeux, in 《Symmetry and function in biological systems at the macromolecular level》, A. Engström et B. Strandberg Ed., *Nobel Symposium* N° 11, pp. 235-256 (1969), John Wiley and Sons Inc., New York.

트워크의 구조는 결국 (이 네트워크를 구성하고 있는) 단백질들의 식별력에 의해, 또한 이 네트워크를 구성하는 여타의 구성요소들(예를 들어 다당류와 지질)의 생합성生合成을 맡고 있는 효소들의 식별력에 의해 결정되었을 것이다.

그러므로 세포들이 가진 '인지적' 속성은 단백질들의 변별력이 직접적으로 표현된 것이 아닐 수도 있다. 그저 아주 우회적인 방식으로만 표현된 것일 수 있다. 하지만 그럼에도 불구하고 조직의 구축이라든가 기관의 분화와 같은 거시적인 현상들은 다기다양한 미시적 상호작용들이 집적된 결과로서 이해되어야 한다. 단백질들 덕분에 일어나는 미시적 상호작용, 다시 말해 그들의 입체특이적 식별력에 의해서 자발적으로 비공유적 복합체를 형성해내는 단백질들의 미시적 상호작용들이 집적된 결과로서 말이다.

그렇지만 형태발생의 현상들을 이처럼 '미시적으로 환원하는 것'이 아직까지는 이 현상들에 대한 참된 이론으로 확고히 정립된 것은 아니다. 지금의 단계에서는 이러한 환원의 방법은 차라리 원칙을 설정한 것에 가깝다. 즉 이것은 앞으로 참된 이론—단순한 현상학적 기술記述 이상의 것을 줄 수 있는 참된 이론—이 나오기 위해서는, 어떤 방식과 개념을 따라서 이 이론이 만들어져야만 하는가를 제시하는 원칙이다. 이 원칙은 도달해야 할 목표가 무엇인지는 규정하고 있지만, 이 목표에 도달하기 위해 따라야 할 길이 어떤 것인지에 대해서는 단지 희미하게만 비춰주고 있을 뿐이다. 세포들 사이의 수십억이 넘는 상호작용—개중에는 상대적으로 먼 거리를 사이에 두고 일어나는 상호작용들도 있다―이 그 안에서 일어나는 복잡한 장치(예컨대, 중추신경계)의 발생을 분자적인 차원에서 해석하려 한다는 것이 어떤 가공할 만한 문제들에 부딪칠 수 있을 것인지를 생각해보기 바란다.

거리가 떨어진 상태에서 어떻게 상호작용―원격작용遠隔作用―이 일어날 수 있는가 하는 문제는 아마도 발생학에서 가장 어렵고도 중요한 문제일 것이다. 발생학자들은, 특히 재생과 관련된 현상들을 설명하기 위해, '형태발생의 장場' 혹은 '그라디엔트gradient'라는 개념을 도입하였다. 일견 이와 같은 개념은 '몇 앙스트롬Angström 간격을 사이에 두고 일어나는 입체특이적 상호작용'이라는 개념을 훨씬 초과하는 것처럼 보인다.[34] 하지만 이 후자의 '근접近接 상호작용'의 개념만이 물리학적으로 정확한 의미를 줄 수 있는 유일한 개념이다. 또한 이러한 근접 상호작용이 계속 연이어 무수히 반복해서 일어남으로써 밀리미터 혹은 센티미터 크기의 유기적 조직체가 만들어지는 경우를 생각할 수 없는 것도 아니다. 현대 발생학은 실로 이런 방향의 설명으로 나아가고 있다. 순전히 정적靜的이기만 한 것인 '입체특이적 상호작용'이라는 개념으로는 '형태발생의 장'이나 '그라디엔트'를 해석하는 데에는 부족함이 있을 수 있다. 알로스테릭 상호작용을 해석할 수 있

---

34 · 이제까지 봐와서 잘 알겠지만, 철저한 기계론자인 모노는 원격작용을 인정하지 않는다. 오직 직접적인 근접 접촉에 의한 상호작용만을 인정하는 것이다 (생각해보면, 그 사이에 어떠한 매개체의 작용도 없이 이뤄지는 '원격작용'이란 개념은 실로 생각하기 어려운 '모호한'―어쩌면 '비합리적이고도 부조리한'―개념으로도 보인다). 그러므로 지금 모노는, 이러한 원격작용을 끌어들이는 듯이 보이는 '형태발생의 장'이라는 개념이 자신의 입장과 일견 상반되는 듯이 보인다는 점을 말하고 있는 것이다.

게 해주는 것과 아마도 유사한 동역학적 가설들을 통해 이 개념을 더욱 풍부하게 만드는 일이 필요할 것이다. 그렇지만 나로 말하자면, 최종적으로 분석해보면 결국 단백질의 입체특이적 결합력이야말로, 이들 현상들을 해명하는 열쇠를 줄 수 있으리라 확신하고 있다.

· · ·

단백질들의 촉매기능을 분석하든, 조절기능을 분석하든, 또 아니면 후성적 기능을 분석하든, 이들 기능 모두는 무엇보다도 분자들의 입체특이적 결합력에 의거해서 이뤄지는 것이라는 결론에 도달하게 된다.

단백질의 1차 구조와 구상球狀 구조

이 장과 앞의 두 개의 장에서 피력된 생각에 따르면, 생명체가 행하는 모든 합목적적 작용과 생명체가 가진 모든 합목적적 구조는, 적어도 원칙상, 이러한 입체특이적 상호작용들에 의해 이뤄지는 것으로 분석될 수 있다. 이러한 생각이 옳은 것이라면―그리고 그렇지 않을 것이라고 의심할 만한 이유는 없다―, 합목적성의 역설을 해결하기 위해서 이제 남은 것은 이와 같은 입체특이적 결합을 가능하게 하는 단백질의 구조가 어떻게 형성되었으며 어떻게 진화되어왔는지를 밝히는 것이다. 단백질의 구조가 진화되어온 과정은 다음 장에서 다루기로 하고, 이 장에서는 그것의 형성방식에 대해서만 초점을 맞추기로 하자. 합목적성의 궁극적인 '비밀'을 숨기고 있는 이 분자적 구조를 자세히 분석해보면 심오한 의미를 담은 결론에 이르게 된다는 점을 나는 보여주고 싶다.

우선 구상 단백질의 입체 구조는 두 가지 유형의 화학적 결합에 의해서(부록 1 참조) 결정된다는 점을 상기시키는 것부터 시작하자.

1. 소위 '일차' 구조는 아미노산 잔기들이 선형線形으로 배열되어 이루어진다. 이때 이들 아미노산 잔기들은 공유결합에 의해 서로 연결되어 있다. 그러므로 이러한 상태는 섬유 구조를 취하고 있으며, 여러 가지 형태를 취할 수 있도록—이론상으로는 거의 무한에 가까운 형태conformation들을 취할 수 있다—굉장히 유연한 상태다.

2. 그렇지만 단백질이 자연스럽게 취하고 있는 구조는 이와 같은 선형 배열의 섬유 구조가 아니라 둥그스름한 구상球狀 구조인데, 이처럼 구상 구조가 단백질의 자연스러운 구조로 안정화되는 것은 선형 배열 위의 서로 다른 지점들에 위치하고 있는 아미노산 잔기들이 그들 사이의 수많은 비공유적 상호작용에 의해 서로 결합하기 때문이다. 즉 이리하여 폴리펩티드 섬유는 아주 복잡한 방식으로 저절로 접혀져서, 조밀하고 둥그스름한 덩어리 모양球狀을 이루게 된다. 결국 이러한 복잡한 접힘이 (단백질의 식별기능을 가능하게 하는 입체특이적 결합부위의 정확한 형태를 비롯하여) 단백질의 입체 구조를 결정하는 것이다. 그러므로 보다시피 단백질 분자 내부에서 일어나는 수많은 비공유적 상호작용들의 총합이야말로, 아니 이들 상호작용들의 상

호협력이야말로 단백질의 기능적 구조를 안정화하는 요인이다. 즉 단백질로 하여금 어떤 특정한 다른 분자들을 선별하여 그들과 (마찬가지로 비공유적 상호작용에 의해) 입체특이적 복합체를 형성할 수 있도록 하는 그의 기능적 구조를 안정화하는 요인이다.

지금 우리의 관심을 끄는 물음은 단백질의 인지적 기능을 가능하게 하는 이런 특수하고 독특한 형태가 어떻게 개체발생하느냐, 즉 이런 형태가 어떤 방식으로 형성되는가 하는 문제다. 이 구조가 대단히 복잡하고 또한 비공유적 상호작용들에 의해 안정화되어 있는 것이기 때문에―비공유적 상호작용은 하나하나를 개별적으로 보면 몹시 불안정한 것이다―오랜 세월 동안 사람들은 하나의 똑같은 폴리펩티드 섬유가 아주 많은 수의 서로 다른 형태들을 취할 수 있을 것이라고 믿어왔다. 하지만 많은 관찰 결과, 화학적 종류가 같은―이 종류는 1차 구조에 의해 규정된다―단백질 섬유는 자연스러운 상태에서는, 곧 생리학적으로 정상적인 조건에서라면, 오직 단 하나의 형태로서만 (혹은 기껏해야 아주 적은 수의 서로 다른―알로스테릭 단백질들의 경우처럼, 서로 달라도 아주 조금씩만 서로 다른―상태로서만) 존재한다는 것이 밝혀졌다. 이 형태는 대단히 정확하게 이루어진 것인데, 이 점은 단백질 결정의 훌륭한 X선 회절상回折像을 얻을 수 있다는 사실로 증명된다. 이 사실은 하나의 단백질 분자를 구성하는 수천의 원자들 중 대다수의 위치가 단지 몇 분의 1앙스트롬의 오차로 결정되고 있음을 의미한다. 이처럼 한 가지 형태만을 취한다는 것과 또한 이 형태의 구조가 이처럼 정확하다는 것이야말로 구상 단백질이 가진 생물학적으로 핵심적인 속성, 즉 입체특이적 결합성을 가능하게 해주는 조건이 된다는 점에 주목하도록 하자.

구상 구조의 형성

이런 구조가 형성되는 메커니즘은 오늘날 그 원리가 제법 잘 알려져 있다.

1. 단백질 구조를 유전적으로 결정하는 유전자는 단지 단백질을 구성하는 아미노산 잔기들의 배열순서(서열)만을 규정할 뿐이다.

2. 이렇게 합성된 폴리펩티드 섬유는 **자발적으로** 또한 **자율적인** 방식으로 접혀져 둥그스름한 형태를 취하게 되고, 이 형태가 어떤 기능을 발휘하게 된다.

그러므로 하나의 폴리펩티드 섬유는 원칙상으로는 수천 가지의 접혀진 형태를 취할 수 있지만, 실제로는 그중 단 하나만을 선택해서 취한다. 보다시피 이는 한 개의 개별 고분자라는 가장 간단한 수준에서 일어나는 참으로 후성적인 과정이다. 선형으로 펼쳐진 섬유는 수천 가지의 형태를 원칙상 취할 수 있다. 한편 이러한 선형 상태는 어떤 생물학적 활성도 갖고 있지 않으며, 특히 어떤 입체특이적 식별력도 갖고 있지 않다. 반면 접혀진 형태는 오직 단 하나의 상태만을 취할 수 있으며, 이 상태는 매우 고등한 수준의 질서에 대응한다. 단백질이 기능적 활성을 가질 수 있는 것은 바로 이 접혀진 상태에서뿐이다.

단백질 분자의 후성적 발생이라는 이 자그마한 기적을 설명하는 것은 그 원칙상 비교적 간단한 일이다.

1. 생리학적으로 정상적인 환경, 즉 수상水相에서는 단백질의 접혀진 형태가 그것의 펼쳐진 형태보다 열역학적으로 보다 안정적이다. 왜 접혀진 상태에서 더 큰 안정성을 얻게 되는가 하는 문제는 대단히 흥미롭다. 여기서 그 이유를 정확히 밝히는 것이 중요하다. 서열을 형성하는 아미노산 잔기들 중 대략 절반은 '물을 피하려 하는 성질', 즉 소수성疏水性을 지닌다. 말하자면 물속에 든 기름처럼 행동하는 것이다. 이들 소수성 잔기들은 그들에게 붙어 있던 물분자를 방출해버리고 자기들끼리 모여드는 경향이 있다. 바로 이런 특질 때문에 단백질은 잔기들이 상호 접촉하여 서로를 고정시키는 조밀한 구조를 취하게 되는 것이다. 즉 이렇게 해서 단백질로서는 질서(혹은 네겐트로피)를 얻게 되고,[35] 이렇게 질서가 얻어지는 일은 물 분자의 방출에 의해, 즉 **자유롭게 방출되어** 무질서를 (즉 계의 엔트로피를) 증가시키게 되는 물 분자의 방출에 의해 상쇄되는 것이다.

2. 어떤 하나의 폴리펩티드 배열이 취할 수 있는 여러 가지 다양한 접혀진 구조들 중에서 오직 하나만이, 혹은 오직 아주 소수만이, 가능한 가장 조밀한 구조를 실현시켜주는 것이다. 그러므로 그 밖의 다른 모든 구조들을 제치고 오직 이 구조가 특권적으로 선택된다. 조금 단순화하여 말하자면, 이 구조는 최대한의 물 분자들을 방출할 수 있는 구조이기 때문에 선택된 것이라고 할 수 있다. 모든 명백한 증

---

35 · 네겐트로피(néguentropie)에 대해서는 부록 4를 참조하라.

거들로 미루어 볼 때, 여러 다양한 조밀한 구조들 중에서 어느 구조가 실제로 실현될 가능성이 높은가 하는 것은 선형 섬유 속에 들어 있는 (소수성 잔기들을 비롯한) 아미노산 잔기들 상호 간의 상대적 위치에, 즉 그들의 배열순서에 달려 있다. 어떤 단백질이 취하게 되는, 또한 이 단백질로 하여금 어떤 기능적 활성을 가지게끔 하는, 특정한 구상적球狀的 형태는 섬유 속에 들어 있는 잔기들의 배열순서에 의해 사실상 강제로 부여되는 것이다. 그렇지만 중요한 것은, 어떤 단백질의 3차원적 구조를 완전히 정하는 데 필요할 정보의 양은 단지 선형적 배열순서가 담고 있는 정보의 양보다 훨씬 더 크다는 점이다. 예컨대 100개의 아미노산으로 이루어진 폴리펩티드의 경우, 그 배열순서를 정하는 데 필요한 정보(H)는 대략 450비트($H = \log 20^{100}$)인 반면 그 3차원적 구조를 정하기 위해서는 450비트에 더하여 상당히 많은 양의 정보를 덧붙여야 할 것이다. 더욱이 이 양은 계산하기도 힘들지만, 대략 적어도 1,000 내지 2,000비트라고 해두자.

후성적으로 '풍부해진다'는 거짓 역설

그러므로 유전자(게놈)가 단백질의 기능을 완전히 결정한다고 말하기에는 어떤 모순이 있음을 여기서 알 수 있다. 단백질의 기능이란 보다시피 그 3차원적 구조로 인해 얻어지는 것인데, 유전자가 결정하는 것은 단지 폴리펩티드를 이루는 아미노산들의 배열순서뿐이기 때문이다. 즉 단백질의 3차원적 구조가 담고 있는 정보는 유전자가 이 구조의 형성에 직접적으로 기여한 것보다 더 풍부한 것이기 때문이다. 현대 생물학의 이론을 비판하고자 하는 몇몇 사람들은 이러한 모순을 놓치지 않고 지적하였다. 특히 엘자서는 바로 생명체의 (거시적) 구조들의 후성적 발생에서 '원인 없이 이루어지는 풍부해짐 enrichissement sans cause'이라는 현상이 발견된다고 생각하고 이를 물리학적으로는 설명할 수 없는 현상으로 보았다.

하지만 이런 반론은 분자 후성발생의 메커니즘을 자세히 검토해보면 사라지게 된다. 3차원적 구조가 형성됨으로써 정보가 그만큼 더 풍부해지는 것은, (배열순서로 표현되는) 유전 정보가 아주 잘 정해진 초기 조건(수상水相, 좁은 온도 범위, 이온 조성 등)하에서 발현하기 때문에 생기는 일이다. 즉 이런 조건하에서는 원리상 가능한 많은 구조들 중에서 실제로는 단 하나의 구조만이 실현될 수 있기 때문이다. 따라서 초기 조건이 단백질의 구상 구조에 최종적으로 들어 있는 정보를 형성하는 데 기여한다고 말할 수 있다. 하지만 초기 조건은 이 정보의 내용을 구체적으로 규정함으로써가 아니라, 단지 다른 가능한 구조들이 실제로 실현되는 것을 막음으로써 그렇게 하는 것이다. 즉 초기 조건은 선험적으로는 얼마간 다의적多義的이던 메시지에 대해 일의적一義的인 해석을 제공함으로써 (아니 차라리 어쩔 수 없는 것으로 부과함으로써) 그렇게 하는 것이다.◆

◆ 즉 단백질의 1차 구조인 아미노산 잔기들의 선형배열(폴리펩티드 섬유)은—이들 잔기들의 배열순서(서열)는 유전자에 의해 완전히 결정된다—원칙상으로는 여러 가지 다양한 구

· · ·

그러므로 구상 단백질이 그 구조를 형성해가는 과정 속에서 사람들은 유기체의 자율적인 후성적 발생의 미시적 축도와 그 원천을 동시에 볼 수 있다. 유기체의 발생은 몇 개의 연속적인 단계(혹은 수준)를 거쳐서 일어나는 것을 확인할 수 있다.

1. 폴리펩티드 배열이 스스로 접혀져 입체특이적 결합력을 가진 구상 단백질을 형성한다.

2. 단백질 사이의 (혹은 단백질과 다른 구성성분 사이의) 상호작용에 의해 세포소기관이 형성된다.

3. 세포 사이의 상호작용에 의해 조직과 기관이 구성된다.

4. 이 모든 단계를 통틀어 화학적 작용들 사이의 상호조정과 분화가 알로스테릭 상호작용에 의해 일어난다.

매 단계에서 보다 고차적인 질서를 가진 구조들과 새로운 기능들이 생겨나는데, 이들은 전 단계의 산물들 사이에서 자발적으로 일어나는 상호작용들의 결과로서 생기는 것으로, 마치 다단계 불꽃놀이에서처럼 매 단계가 그 이전 단계에 숨겨져 있던 잠재성을 드러낸다. 그러므로 이 모든 현상들은 결정론적으로 일어나는 것인데, 이 현상들을 결정짓는 최종적인 원천은 유전 정보다. 이 유전 정보가 폴

상형태들로 접힐 수 있지만, **실제로는** 초기 조건의 영향하에서 그중 단 한 가지 형태로만 접히게 된다. 처음에는(즉 선험적으로는) 여러 가지 형태로 해석(표현)될 수 있었던 다의적인 것이 실제로는 그중 단 한 가지 형태만을 취하도록 일의적으로 해석되는 것이다.

리펩티드 배열로 나타나고 이 배열이 초기 조건에 의해 해석되어—아니 보다 정확하게 말하자면, 여과되어—이 모든 현상들이 생기는 것이다.

그러므로 생명체의 모든 합목적적인 구조와 작용이 이뤄지도록 하는 **궁극적인 근거**ultima ratio는 폴리펩티드 섬유의 아미노산 잔기들의 배열 속에 들어 있는 것이다. 아미노산 잔기들의 배열이야말로 맥스웰의 생물학적 도깨비—즉 구상 단백질—를 낳는 '맹아'인 것이다. 생명의 비밀이라는 게 있다면, 그것은 어떤 의미에서—그리고 이 의미는 아주 실제적인réel 것이다—바로 이 수준의 화학적 조직 속에 있다. 그리고 우리가 단지 이 배열순서를 기술하는 것을 넘어서 그 결합의 법칙을 밝혀낼 수 있다면, 그것은 생명의 비밀을 관통하는 일이자 궁극적인 근거를 발견하는 일이 될 것이다.

합목적적 구조의 궁극적인 근거

어떤 하나의 구상 단백질의 배열순서가 처음으로 완전하게 기술된 것은 1952년 상제Sanger에 의해서였다. 이 일은 비밀의 열림이면서 동시에 환멸이기도 했다. 이 단백질은 인슐린이었는데, 이 단백질의 구조를 관장하는, 따라서 어떤 기능을 발휘하도록 이 단백질의 선별적 속성을 관장하는 그의 배열순서 속에는 어떤 규칙성도, 어떤 독특한 특징도, 어떤 제한도 존재하지 않았다. 그렇지만 여전히 사람들은 이러한 자료들이 점점 축적되어가면 언젠가는 몇몇 일반적인 결합의 법칙이라든가 기능적 상관관계가 드러날 것이라고 한동안 계속 기대하고 있었다. 오늘날 우리는 다양한 유기체들로부터 뽑아낸 각양각색의 단백질들의 배열순서를 수백 종류 알고 있다. 분석과 통계의 현대적 기법을 이용하여 이들을 체계적으로 비교해본 결과, 일반적인 법칙을 도출해낼 수 있게 되었다. 그것은 우연의 법칙이었다. 보다 더 정확하게 말하자면, 이들은 모두 다음과 같은 의미에서 '우연적'이다. 즉 200개의 아미노산 잔기를 가지고 있는 단백질에서 그중 199개의 순서를 정확하게 알고 있더라도, 아직 밝혀지지 않은 나머지 하나의 잔기가 어떤 것인지를 예측하게 해줄 어떤 이론적이거나 경험적인 규칙을 만드는 것이 불가능하다.

폴리펩티드 속 아미노산들의 배열순서가 '우연'에 의해 이루어진 것이라고 말하는 것은 결코 우리의 무지를 고백하는 것이 아니다. 강조하건대 이는 사실의 이치를 확인하는 것이다. 예컨대 어떤 특정한 하나의 잔기를 뒤이어서 다른 어떤 특정한 하나의 잔기가 곧바로 나타날 평균 빈도는, 이들 두 잔기 각자가 단백질 일반 속에서 나타나는 평균 빈도를 서로 곱한 것과 같다. 이 점을 다른 방식으로도 예시할 수 있다. 매 카드마다 각자 아미노산 잔기 이름을 하나씩 달고 있는 카드 한 벌을 갖고 놀이를 한다고 생각해보자. 이 카드 한 벌은 200장의 카드로 되어 있으며, 각 카드의 이름은 각각의 아미노산이 나타나는 평균 빈도를 존중하여 정해진다고 가정하자. 이제 이 카드 묶음을 끊게 되면 카드들은 우연에 의해 마구잡이 순서로 배열될 것인데, (각자 아미노산 이름을 하나씩 달고 있는) 이 카드들의 배열순서와 진짜 폴리펩티드 속에서 실제로 관찰되는 아미노산들의 배열순서를 서로 구분해줄 수 있는 것은 아무것도 없다.

하지만 이와 같은 의미에서 설령 단백질의 1차 구조 일체가 순전히 우연의 산물이라 할지라도, 즉 폴리펩티드상의 매 연결고리가 가능한 20종의 아미노산 잔기 가운데 하나를 우연히 선택하여 이뤄진 것이라 할지라도, 역시 중요한 또 다른 의미에서는 지금 현재에 우리가 실제로 볼 수 있는 배열순서는 우연에 의해서 합성된 것이 결코 아니라는 점을 인정해야 할 것이다. 왜냐하면 이 배열순서가 특정한 단백질 분자들 속에서 실질적으로 거의 아무런 실수 없이 반복되기 때문이다. 이러한 반복이 없었다면, 일군의 단백질 분자 중 아미노산 배열순서를 화학적 분석을 통해 정하는 일은 불가능했을 것이다.

그러므로 우연에 의해 정해진 아미노산들의 배열순서는 각각의 유기체에서 혹은 각각의 세포에서, 아주 오랫동안 매 세대를 거쳐 실제로 수천 번씩 혹은 수백만 번씩, 구조의 불변성을 아주 정확하게 보장해주는 메커니즘에 의해 반복되어온 것이라는 점을 인정해야 한다.

메시지의 해석

오늘날 우리는 이 메커니즘의 원리뿐만 아니라 그 대부분의 구성요소들도 알고 있다. 이에 대해서는 다음 장에서 다룰 것이다. 이 메커니즘의 세부적인 곳까지 구태여 알지 않고서도, 폴리펩티드 섬유 속에 들어 있는 아미노산 잔기들의 배열이 전하는 신비로운 메시지의 깊은 의미가 무엇인지는 이해할 수 있다. 이 메시지는 어떤 기준에서 보게 되더라도 우연에 의해 쓰여진 것으로 보인다. 그러나 이 메시지는 어떤 의미를 지니고 있으며, 이 의미는 선형 배열을 3차원적으로 번역한 것인 구상 단백질의 변별적인 상호작용에 의해 드러난다. 이 상호작용은 어떤 기능을 수행하며 아주 직접적으로 합목적적이다. 어떤 하나의 구상 단백질은 이미 분자적인 차원에서 존재하는 하나의 진짜배기 기계다. 그런데 우리가 보고 있듯, 이 기계는 그 기능적 속성들에 의해서 기계가 되는 것이지 그 근본적인 구조에 의해서 기계가 되는 것은 아니다. 왜냐하면 이 근본적인 구조에서는 오직 맹목적인 우연에 의해 아미노산 잔기들이 서로 짝지어지는 놀이 이외에는 아무것도 드러나지 않기 때문이다. 그런데 이런 우연이 불변성의 기구機構에 의해 포획되고 보존되고 반복되어 질서로, 규칙으로, 필연으로 전환되는 것이다. 그야말로 완전히 맹목적인 우연의 놀이로부터 모든 것이—심지어 시각vision까지도—다 튀어나올 수 있는 것이다. 어떤 기능을 가진 단백질 하나의 개체발생 속에는 모든 생명체 전체의 기원과 혈통이 다 반영되어 있다. 그리고 생명체가 나타내고 추구하고 실현시키는 의도projet의 궁극적인 원천은 단백질의 1차 구조가 전하는 이 메시지 속에서 드러나고 있는 것이다. 정확하게 쓰여 있고 반복해서 충실하게 베껴지지만 본질적으로는 해독 불가능한 이 메시지 속에서 말이다. 왜 해독 불가능한가? 왜냐하면 이 메시지는 그것이 자발적으로 수행하게 될, 생리학적으로 필수적인 기능이 드러나기 전까지는 자신의 구조가 순전히 우연에 기원을 두고 있음을 드러낼 뿐이기 때문이다. 그러나 바로 이런 사실이야말로 태고로부터 전해져 내려온 이 메시지가 우리에게 전하고 있는 가장 심원한 의미인 것이다.

06

불변성과 요란^{搖亂}

플라톤과 헤라클레이토스

서양 사상은 지금으로부터 거의 3천 년 전에 이오니아 제도^{諸島}에서 태어난 이래, 서로 상반되는 듯이 보이는 두 개의 입장으로 양분되어왔다. 이 중 한쪽에 따르면, 우주의 진정하고 궁극적인 실재는 전혀 변하는 일이 없는, 본질적으로 불변적인 형상들 속에 있다. 반대로 다른 한쪽에 따르면, 우주의 유일한 실재는 운동과 진화 속에 존재한다.

플라톤에서 화이트헤드에 이르기까지, 또한 헤라클레이토스에서 헤겔과 마르크스에 이르기까지, 이와 같은 형이상학적인 '지식의 이론'은 실은 언제나 그것을 주장하는 사람들의 도덕적 · 정치적 입장과 긴밀히 연관되어 있다. 마치 선험적인 것인 양 제시되고 있는 이들 이데올로기적 주장은 실은 미리부터 마음속에 품고 있던 어떤 윤

리·정치적 이론을 정당화하기 위한 목적으로 **차후적으로** 고안된 것이다.♦

과학을 위한 유일한 선험적 원리가 있다면 그것은 '객관성의 공리'이다. 이 공리로 인해 과학은 저 오래된 두 입장 사이의 논쟁에 끼어들지 않아도 되었다. 혹은 오히려 이 논쟁에 끼어드는 것 자체가 금지되었다. 과학은 진화를 연구한다. 그것이 우주 전체의 진화이든 혹은 우주 속에 들어 있는 어떤 체계들—이를테면 인간을 포함한 생명권—의 진화이든 상관없이, 과학은 진화를 연구하는 것이다. 일체의 현상, 일체의 사건, 일체의 인식은 어떤 상호작용을 포함하고 있으며, 따라서 이 모든 것은 (그 상호작용적 성격으로 인해) 체계의 구성요소들에 어떤 변화를 일으키기 마련이라는 것을 우리는 알고 있다. 하지만 이러한 생각은, 우주의 구조 속에는 불변적인 것들이 존재한다는 생각과 결코 양립 불가능하지 않다. 오히려 그 반대로, 현상들을 분석하는 데 과학이 구사하는 기본적인 전략은 불변적인 것을 찾아내는 것이다. 모든 물리적인 법칙들은, 모든 수학적 전개와 마찬가지로, 어떤 불변적인 관계를 규정한다. 과학의 가장 근본적인 명제들은 '불변적으로 보존되는 어떤 것'이 있음을 상정하는 보편적인 공리들이다. 어떤 현상이든, 그 현상에 의해 보존되는 불변적인 어떤 것에 의해서 그 현상을 분석할 수 있을 뿐이지, 그 밖의 다른 방식에 의해서 그 현상을 분석하는 것은 실제로 불가능하다는 것을, 어떠한 실

♦ 칼 포퍼의 『열린 사회와 그 적들』(1945)을 보라.

례를 선택하든지 쉽게 확인할 수 있다. 이에 대한 가장 명백한 실례는 아마도 동역학cinétique의 법칙들이 제정되는 방식일 것이다. 동역학적 법칙의 제정을 위해서는 미분 방정식의 도입이, 즉 변화하지 않고 남아 있는 것에 의해서 변화를 정의하는 방법의 도입이 반드시 요구된다.

물론 다음과 같은 의문이 생길 수 있다. 과학적 논의의 직물을 짜내는 데 근본적인 씨실 역할을 하는 불변성, 보존, 대칭 따위는 실은 실재 자체에 속하는 것이 아니라 실재를 우리에게 조작 가능한 이미지로 대체시킨 허구이지 않을까라고. 따라서 이 이미지에는 실재의 실체가 빠져 있지만, 바로 이런 대가를 통해서만 실재는 우리들의 논리에 의해 비로소 접근 가능한 것일지도 모른다. 왜냐하면 우리들의 논리 자체가 순전히 추상적이고, 또한 아마도 '단순한 약속에 불과할conventionnel', 동일성의 원리에 의거하고 있는 것이기 때문이다. 이 동일성의 원리는 그저 한갓 약속에 불과한 것이지만, 인간의 이성은 이런 약속 없이는 아무것도 해낼 수 없는 것 같다.

내가 여기서 이러한 고전적인 문제를 언급하는 것은, 양자量子, quantique 혁명에 의해서 이 문제의 위상에 심원한 변화가 일어났음을 말하기 위해서다. 동일성의 원리는 고전 과학에서는 물리학적 공리의 위상을 지닌 것이 아니었다. 고전 과학에서 이 원리는 단지 논리적 조작으로서 사용된 것일 뿐, 이 원리가 어떤 실체적인 실재에 실제로 대응하는 것이라고 상정할 필요까지는 없었다. 하지만 현대 물리학에서는 이와 다르다. 현대 물리학의 가장 근본적인 공리 중 하나가 바로 동일한 양자적 상태에 있는 두 개의 원자는 **절대적으로 동일**하다는 것이다.[♦] 이 공리를 받아들인 결과, 양자 이론에서 이야기하는 원자적 · 분자적 대칭성에는 '더 이상 완전해지는 것이 불가능한 절대적인 표상'이라는 자격이 주어지게 되었다. 그러므로 오늘날에는 동일성의 원리를 더 이상 한갓 '정신 지도를 위한 규칙' 정도의 위상만을 가진 것으로 생각할 수 없게 되었다. 이제는 이 원리를, 적어도 양자적인 차원에서는, 어떤 실체적인 실재를 표현하고 있는 것으로 인정해야 한다.

좌우지간 과학에는 플라톤적인 요소가 존재하며, 또한 앞으로도 늘 그럴 것이다. 과학을 망치지 않고서는 이런 요소를 과학으로부터 배제할 수는 없는 것이다. 저마다 독특한 현상들의 무한한 다양성 속에서 과학은 오직 불변적인 것만을 추구할 뿐이다.

· · ·

해부학적 불변성

퀴비에 (그리고 괴테) 이후의 19세기 위대한 박물학자들이 몰두한, 해부학적으로 불변적인 것들에 대한 체계적인 탐구에는 '플라톤

[♦] V. Weisskopf, in *Symmetry and Function in biological systems at the macromolecular level*, Engström and Strandberg Ed., Nobel Symposium N° 11, p.28, Wiley and Sons, New York (1969).

적인' 야망이 있다. 갖가지 생명체들에게서 나타나는 기절초풍할 만한 다양한 형태와 생활방식들 가운데서 유일한 하나의 형태를, 혹은 그것이 아니라면, 적어도 몇 가지로 제한된 소수의 해부학적 설계도 plans—이들 설계도 각각은 그것에 의해 특징지어지는 집단 속에서 불변적으로 나타나는 것이다—를 알아볼 수 있었던 사람들의 천재성에 대해 현대 생물학자들이 언제나 정당한 평가를 부여하는 것은 아닐 것이다. 아마도 바다표범[海豹]이 지상의 식육동물과 아주 가까운 포유동물이라는 점을 알아내기란 그다지 어려운 일이 아니었을 것이다. 그러나 피낭류[被囊類]와 척추동물의 해부학적 구조 속에서 동일한 기본적 구조를 찾아내고, 양자를 같은 척색동물문[脊索動物門] 속에 분류하기는 훨씬 더 어려운 일이었다. 척색동물과 극피동물[棘皮動物] 사이의 유연관계를 지각하는 것은 이보다도 더 어려운 일이다. 하지만 성게가 그보다도 훨씬 더 진화한 그룹에 속하는 다른 동물들, 예컨대 낙지나 오징어 같은 두족류[頭足類]보다도 훨씬 더 우리 인간에 가깝다는 것은 의심의 여지가 없는 사실이며, 이는 생화학적으로도 확인되는 바다.

화학적 불변성

바로 생명체 조직의 기본적 설계도를 탐구하려 했던 이와 같은 거대한 작업이 있었기에, 진화론이 등장하게 되었고 또한 동시에 그것을 정당화해주기도 하는 기념비적 업적인 고전 동물학과 고생물학의 위대한 건축물이 세워질 수 있었다.

하지만 서로 상이한 여러 가지 다양한 형태가 아직도 남아 있는 것이 주지의 사실이다. 서로 근본적으로 다른, 여러 개의 거시적 조직의 설계도들이 생명권 속에서 공존하고 있다는 점을 인정해야 했던 것이다. 이를테면 남조류藍藻類와 적충류滴蟲類, 문어와 인간, 이들 사이에 어떠한 공통점이 있겠는가? 하지만 세포를 발견하고 그것에 대한 이론을 세움으로써, 다시 한 번 이들 다양성 아래에서 새로운 통일성(단일성)을 발견할 수 있게 되었다. 그렇지만 생명계 전체의 이와 같은 미시적 차원에서의 깊고 엄밀한 통일성(단일성)을 완전히 드러내기 위해서는, 주로 20세기 2/4분기에 일어났던 생화학의 발전을 기다려야 했다. 오늘날 우리는 박테리아에서 인간에 이르기까지 그 화학적 기계장치는 그 구조나 기능에 있어서 본질적으로 동일하다는 것을 알고 있다.

1. 구조의 동일성 : 모든 생명체는 예외 없이 동일한 두 종류의 주요 고분자로 구성되어 있다. 단백질과 핵산이 그것이다. 더욱이 이들 고분자들은, 모든 생명체들에게 있어서, 얼마 되지 않는 제한된 수의 동일한 잔기들이 서로 뭉침으로써 형성된다. 단백질은 스무 종류의 아미노산으로 구성되어 있고, 핵산은 네 종류의 뉴클레오티드로 구성되어 있다.

2. 기능의 동일성 : 화학적 포텐셜의 동원이나 저장, 또는 세포 구성성분의 생합성生合成 등의 기본적인 화학적 조작操作들은 모든 유기체들에게서 모두 동일한 반응들에 의해, 혹은 동일한 반응들의 연쇄

에 의해 수행된다.

물론 대사 반응이라는 이 중심 테마에는 몇 가지 변주들이 존재한다. 이들 변주들 각각은 저마다 서로 다른 기능적 적응에 대응한다. 하지만 거의 언제나 이 변주들은 원래는 다른 기능에 사용되고 있던 일반적인 대사 경로가 새로운 방식으로 사용되어 이뤄지는 것이다. 예컨대 질소를 배설하는 방식은 조류와 포유류에게서 서로 다른 형태로 이뤄지는데, 전자는 요산^{尿酸}으로 후자는 요소^{尿素}로 배설한다. 그런데 조류의 경우, 요산의 합성 경로는 모든 유기체 체내에 있는 퓨린 뉴클레오티드(핵산의 보편적 구성요소)를 합성하는 일련의 반응이 약간 수정된 것일 뿐이다. 포유류의 요소 합성 반응도 이와 마찬가지로 보편적 대사 경로—모든 단백질에 포함되어 있는 아미노산, 즉 아르기닌의 합성에 참여하는 반응 경로—가 약간 변한 것뿐이다. 이와 같은 예는 얼마든지 있다.

생명권 전체를 통틀어 세포 화학이 이처럼 거의 동일하다는 것을 밝혀내는 일은 내 세대의 생물학자들에게 맡겨진 과제였다. 1950년부터 그에 대한 확신이 얻어졌으며, 새로운 발표가 계속해서 그에 대한 확증을 가져다주었다. 이로써 가장 완고한 '플라톤주의자들'의 희망이 더 이상은 불가능할 정도로 완전하게 성취된 것이다.

하지만 이처럼 세포 화학의 보편적인 '형태'가 점차 밝혀지게 됨에 따라, 그것은 다른 한편으로 복제적 불변성이라는 문제를 더욱더 첨예하고 역설적인 것으로 만드는 듯이 보였다. 만약 모든 생명체들의 구성요소가 화학적으로 모두 동일하고 또한 그것들이 모두 동일한 경로에 의해 합성된다면, 생명체들이 보여주는 놀랄 만한 형태학적·생리학적 다양성의 근원은 무엇일까? 게다가 어떻게 해서 각각의 종種은, 자기 이외의 다른 종들과 동일한 재료, 동일한 화학적 반응을 사용하면서도, 그 자신의 특유한 구조적 규범—그 자신을 다른 종들로부터 구별되도록 특징짓는 이 구조적 규범—을 세대를 거듭하여도 변함 없이 불변적으로 유지되게 하는 것일까?

오늘날 우리는 이 문제에 대한 해답을 갖고 있다. 모든 생명체들의 보편적인 구성요소인 뉴클레오티드와 아미노산은 논리적으로 일종의 알파벳과 같다. 이들 속에 생명체의 구조, 즉 그 특이적인 결합기능이 적혀 있는 것이다. 그러므로 생명권에 존재하는 모든 다양한 구조와 기능은 전부 이들 알파벳으로 적혀 있다.[36] DNA 속 뉴클레오티드들의 연쇄로 적혀 있는 텍스트가 각 세포 세대마다 불변적으로 복제됨으로써, 종의 불변성이 보장되는 것이다.

기본적 불변 요소로서의 DNA

기본적인 생물학적 불변 요소는 DNA다. 바로 그렇기 때문에, 멘델이 유전자를 유전적 특징을 자손에게 불변적으로 운반하는 운반자로서 정의한 것과 에이버리Avery에 의해서 DNA가 유전자의 본체

36· 앞에서 우리는 생명체의 모든 구조와 활동이 결국 그 생명체를 구성하는 단백질들의 입체특이적인 결합에 의해서 이뤄진다는 것을 보았다.

임이 화학적으로 확인된 것(이는 뒤에 허시Hershey에 의해 확증되었다), 또한 왓슨과 크릭이 이 유전자의 복제적 불변성invariance réplicative의 구조적 기초를 밝혀낸 것, 이 세 가지는 어떠한 의문의 여지도 없이 생물학에서 이제까지 이뤄져온 가장 근본적인 발견들에 해당한다. 여기에다 '진화에 대한 자연선택론'도 덧붙여야 할 것이다. 이 자연선택론이 함축하는 모든 의미와 모든 확실성이 제대로 드러날 수 있었던 것은 바로 저 세 발견 덕분이다.

DNA 구조가 어떠하며, 어떻게 이러한 구조가 유전자의 뉴클레오티드 배열이 정확하게 복제되는 것을 가능하게 하며, DNA상의 뉴클레오티드 배열을 특정 단백질의 아미노산 배열로 번역하는 화학적 장치는 어떤 것인가 등, 이 모든 문제와 관련된 사실과 생각들은 이제 일반 대중에게도 널리 그리고 훌륭하게 알려져 있다.◆·**37** 다음의 도식(156쪽)은 **복제**réplication 과정과 **번역**traduction 과정의 핵심을 보여주는 것으로, 현재 우리의 논의를 위해서는 이것으로 충분하다.

첫째로 밝혀두어야 할 점은 DNA의 불변적 복제의 '비밀'이, 이 중쇄를 구성하는 두 개의 사슬[鎖]이 서로 결합하여 비공유적 복합체를 형성할 수 있도록 서로에 대해 **입체화학적 상보성**相補性을 갖는다는 점에 있다는 것이다. 그러므로 자신과 결합할 수 있는 것과 그렇지 못한 것을 가려내는 단백질의 식별력을 가능케 하는 입체특이적

◆   부록 2 참조.
37·   이하에 진행되는 논의를 제대로 이해하기 위해서는 반드시 부록 2를 참조하는 것이 좋다.

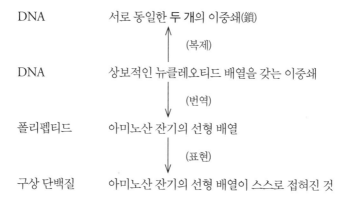

결합성이라는 기본적인 원리가, DNA가 가진 불변적 복제의 속성을 가능케 하는 기반이기도 하다는 사실을 여기서 알 수 있다. 그러나 DNA 복합체의 위상학적 구조는 단백질의 그것에 비해 훨씬 더 단순하다. 바로 이 점 때문에 복제의 메커니즘이 원활히 작동할 수 있는 것이다. DNA 복합체의 위상학적 구조가 이처럼 단순한 것은, 실로 DNA를 구성하는 두 개의 사슬 각각의 입체화학적 구조가―이 사슬들을 구성하는 네 개의 기[注] 각각이, **개별적으로는**, 자신 이외의 나머지 세 개의 기 중에서 (입체적 이유로 인해) 오직 단 하나의 기와만 짝짓기를 하기 때문에―전적으로 그것을(즉 각 사슬을) 구성하는 기들의 배열순서에 의해 규정되기 때문이다. 이로부터 다음과 같은 결론이 나온다.

1. DNA 복합체의 입체 구조는 두 개의 **차원**으로 완전히 나타낼 수 있다. 한 차원은 유한한 것으로, 매 지점마다 서로 상보적인 한 쌍

의 뉴클레오티드를 포함한다. 다른 한 차원은 잠재적으로는 무한히 계속 연결될 수 있는 이러한 쌍들의 연쇄로 이뤄진다.

2. 일단 (어느 쪽이든 상관없이) 한쪽의 사슬만 주어지면, 이 사슬과 상보적인 관계에 있는 상대편 사슬도 뉴클레오티드들이 계속 덧붙어 이어짐으로써 점차적으로 복원될 수 있을 것이다. 왜냐하면 먼저 주어진 사슬을 구성하고 있는 뉴클레오티드들이 각각 자신들에게 맞는 (입체적으로 정해져 있는) 짝을 선택할 것이기 때문이다. 이리하여 이중쇄^{鎖}의 복합체를 형성하고 있는 두 개의 사슬 각각은 각자 자기 상대방의 구조가 어떠한 것이 될지를 지시하고 있으며, 그리하여 자신에게 맞는 상대방과의 상보적인 결합을 통해 이중쇄의 복합체를 완전히 복원해낸다.

DNA 분자의 전체적인 구조는 1회의 병진^{竝進}과 1회의 회전이라는, 2번의 대칭 조작으로 정의되는 나선 구조다. 이러한 구조는 잔기^{殘基}들의 선형^{線形} 중합에 의해 이뤄지는 고분자가 취할 수 있는 구조 중에서 가장 단순하고 가장 취하기 쉬운 것이다. 이 구조는, 그 전체적인 구조의 규칙성으로 인해, 하나의 섬유 결정^{結晶}으로 볼 수 있다. 하지만 그 구조의 세부를 자세히 들여다보면 비주기적^{apériodique} 결정임을 알 수 있다. 왜냐하면 염기쌍이 배열되는 순서가 전혀 규칙적으로 반복되는 것이 아니기 때문이다. 중요한 것은 배열순서가 완전히 '마음대로' 이뤄진다는 점이다. 다시 말해 분자의 전체적인 구조가 어떤 염기쌍이 다음 순서에 이어질지에 대해 아무런 제약도 가하지 않으므로, 어떤 염기쌍이든 상관없이 다음 순서가 될 수 있는 것이다.

방금 보았듯이, DNA 분자의 구조가 형성되는 과정은 결정結晶이 형성되는 과정과 매우 흡사하다. 이중쇄를 이루는 두 개의 사슬 중 어느 한쪽 사슬에 배열되어 있는 원소들 각각은 결정의 씨앗과 같은 역할을 하여, 자기에게 맞는 어떤 특정한 분자들을 선택하여 자신에게 자발적으로 결합되도록 함으로써 결정을 크게 키워나가는 것이다. 서로 상보적인 두 개의 사슬을 인위적으로 서로 떼어놓는다 할지라도, 이들 각자는 수천 내지 수백만의 서로 다른 배열순서를 가진 사슬들 중에서 거의 실수 없이 자신과 딱 맞아떨어지는 상대방을 선택하고 결합하여 원래의 것과 같은 입체특이적 복합체를 **자발적으로** 복원해낼 수 있다.

하지만 개별 사슬 각자의 성장은 뉴클레오티드들이 서로 공유적으로 결합함으로써 이뤄진다. 그리고 이러한 공유결합은 결코 자발적으로 일어날 수 없다. 왜냐하면 이러한 공유결합이 일어나기 위해서는, 화학적 포텐셜을 제공하는 원천은 물론 촉매가 필요하기 때문이다. 화학적 포텐셜은 뉴클레오티드들 속에 있는 어떤 결합들이 이들 뉴클레오티드들의 축합반응이 일어날 때 끊어져버림으로써 제공된다. 그리고 이 축합반응의 촉매가 되는 것은 'DNA-폴리메라아제'라는 효소다. 이 효소는 주어져 있는 DNA 사슬의 뉴클레오티드 배열순서에 '상관없이' 작용한다. 또한 비효소적 촉매에 의해 활성화되는 모노뉴클레오티드mononucléitides의 축합반응도 이미 주어져 있는 폴리뉴클레오티드와 자발적으로 염기쌍을 만듦으로써 진행된다는 것이 입증되었다.[*] 하지만 이처럼 효소가 배열순서를 규정하는 작용은 하지 않더라도, (원래의 DNA 사슬에 대한) 정확한 상보적 복제를 만들어내는 데에, 즉 (원래의 DNA 사슬이 가지고 있는) 정보를 충실히 전달하는 데에 기여하고 있는 것은 확실하다. 실험이 증명해주듯이, 이정보 전달의 충실성은 실로 대단한 것이다. 하지만 이 충실성이 아무리 대단하다 한들, 미시적 차원의 과정인 한, 절대적인 것일 수는 없다. 잠시 후에 이 핵심적인 문제를 다시 살펴보도록 하자.

· · ·

암호의 번역

뉴클레오티드 배열을 아미노산 배열로 번역하는 메커니즘은 그 원리 자체에 있어서 복제의 메커니즘보다 훨씬 더 복잡하다. 방금 보았듯이, 복제의 메커니즘은 결국 모형母型, matrice 역할을 하는 폴리뉴클레오티드 사슬과 이 사슬에 자발적으로 결합하러 오는 뉴클레오티드들 사이의 **직접적인** 입체특이적 상호작용에 의해 설명된다. 마찬가지로 번역의 경우에도, 정보의 전달이 일어나도록 해주는 것은 비공유적인 입체특이적 상호작용이다. 하지만 번역을 수행하는 상호작용은 연속적인 몇몇 단계들을 포함하고 있으며, 또한 여러 가지 구성요소들의 작용에 의해 이뤄진다. 이들 구성요소들 각자는 오

◆　L. Orgel, *Journal of Molecular Biology*, 38, pp. 381-393 (1968).

직 자신과 직접적으로 관련되는 바로 옆의 파트너만을 식별해낼 뿐이다. 그래서 정보 전달의 첫 단계에서 작용하는 구성요소는 마지막 단계에서 '무슨 일이 일어나는지를' 전혀 모른다. 그러므로 유전암호가 뉴클레오티드들의 입체화학적 언어로 쓰여 있는 것이 사실이라 할지라도—이 언어의 각 글자는 세 개의 뉴클레오티드가 배열되어(이것을 '트리플릿triplet'이라고 한다) 이뤄져 있으며, 하나의 트리플릿에 폴리펩티드상의 하나의 아미노산(20종의 아미노산 중에서)이 대응한다—암호인 트리플릿과 그 암호를 번역하여 산출되는 최종결과인 아미노산 사이에는 아무런 직접적인 입체적 관계도 존재하지 않는 것이다.

이로부터 아주 대단히 중요한 결론이 나온다. 즉 이 암호는 모든 생명체들에게 보편적인 것이기는 하지만, 그것이 가진 정보는 전혀 다른 약호체계에 따라서도 역시 마찬가지로 잘 전달될 수 있을 것이라는 의미에서[38] 화학적으로 자의적인 것으로 보인다는 것이다.◆ 실제로 번역 메커니즘의 어떤 구성요소들의 구조를 변형시키는 돌연변이가 알려져 있다. 이러한 특질 때문에 이 돌연변이는 어떤 트리플

---

38 · 즉 트리플릿이 가진 유전암호(정보)를 아미노산으로 번역하는—이러한 번역이 DNA의 트리플릿에서 아미노산으로 정보가 전달되는 과정이다—현재의 약호체계(convention)에 따르면, 어떤 특정한 트리플릿 A는 반드시 어떤 특정한 아미노산 B로 번역되게 되어 있다. 하지만 이 트리플릿 A와 이 아미노산 B 사이에는 아무런 직접적인 입체적 관계도 없으므로, 현재의 약호체계와는 다른 약호체계에 따라 번역이 이뤄질 수도—즉 트리플릿 A가 B가 아닌 다른 아미노산 C로 번역될 수도—있는 것이다.

◆ 8장에서 이에 관해 다시 살펴볼 것이다.

릿을 다르게 해석되도록 만들고, 그리하여 유기체에 아주 해로운 오류를 (정상적인 해석을 가능하게 하는 약호체계의 관점에서 보자면, 이 돌연변이에 의한 해석은 오류라고 할 수 있다) 가져다주기도 한다.

번역 과정이 이처럼 매우 기계적이고 심지어 '기술공학적 technologique'이기까지 한 면모를 보인다는 것은 마땅히 강조되어야 한다. 번역 과정은 서로 다른 단계에서 서로 다른 구성요소들이 계속해서 연속적으로 상호작용하여 이뤄지는데, 리보솜의 표면 위에서 아미노산 잔기들이 하나씩 하나씩 서로 이어져 폴리펩티드를 만듦으로써 완료된다. 이러한 리보솜의 작용은 물건을 한 단계씩 차례대로 만들어가는 공작 기계와 흡사하다. 이 모든 것은 어쩔 수 없이 기계 공장에서의 생산 공정을 연상시킨다.

요컨대 정상적인 유기체에서는 이와 같이 정밀한 미시적 기계구조로 인해 번역 과정이 놀랄 만큼 충실히 수행된다. 물론 오류가 생기기도 한다. 하지만 극히 드물어서 그 평균적 발생 빈도가 얼마라고 통계조차 얻을 수 없는 정도다. (DNA를 단백질로 번역하기 위한) 암호에는 애매성이 없기 때문에, 결과적으로 DNA상의 뉴클레오티드 배열이 그에 대응하는 폴리펩티드상의 아미노산 배열을 완전히 규정하게 된다. 게다가 우리가 5장에서 이미 보았듯이, 폴리펩티드상의 아미노산 배열순서는 (정상적인 초기 조건의 상태에서는) 그것이 취하게 될 접혀진 구조(구상 구조)를 완전히 결정하는 요인이므로, 유전 정보에 대한 구조적, 즉 기능적 '해석'은[39] 정해진 한 가지 뜻에 따라서만 수행되는 엄밀한 것이다. 유전자가 주는 것 이외의 그 어떤 추가 정보도 필요하지 않고 가능하지도 않다. 우리가 아는 메커니즘은 조금도 그럴 여지를 주지 않는다. 그리고 유기체의 모든 구조와 작용이 그것을 구성하는 단백질들의 구조와 활동의 결과인 한, 유기체 전체는 유전 정보의 최종적인 후성적 발현으로 간주되어야 한다.

번역의 비가역성

여기에, 대단히 중요한 사항이 추가되어야 한다. 번역의 메커니즘은 철저하게 **비가역적**^{非可逆性的}인 과정이라는 점이 그것이다. '정보'가 반대 방향으로 전달되는 경우란, 즉 단백질에서 DNA로 전달되는 경우란 관찰되지도 않으며 심지어 생각할 수도 없다. 오늘날 아주 완전하고 확실한 일군의 관찰들이 이 생각을 뒷받침하며, 또한 이 생각으로부터 나오는 결론은 특히 진화론에서 차지하는 그 중요성으로 인해 현대 생물학의 근본 원리 중 하나로 받아들여지고 있다.[◆] 실로 이

39· 즉 유전 정보에 의해서 단백질의 입체특이적인 **구조**─단백질이 수행하는 **기능**은 이 구조에 달려 있다─가 결정되는 것은,

◆ 이 책의 초판에 대한 몇몇 비판가들[예컨대, 피아제(piaget)]은 최근의 몇몇 결과들이 지금 이 생각을 실험적으로 반박할 수 있게 해주는 것처럼 보여서 무척 고무된 듯 보인다. 다름 아닌 테민(Temin)과 볼티모어(Baltimore)에 의해서 RNA를 DNA로 전사(傳寫)하는─즉 전통적인 전사의 방향과 반대 방향으로 전사하는─속성을 가진 효소들이 발견된 사실이다. 그런데 이 대단한 발견은 정보의 **번역**이란 DNA(혹은 RNA)에서 단백질의 방향으로 비가역적으로 이뤄진다는 원리를 실제로는 조금도 위반하지 않는다. 이 사실을 발견한 이들은 매우 뛰어난 분자생물학자들로서, 그들 자신은 결코 그들이 발견해낸 이 사실로부터 피아제가 이끌어낸 결론과 같은 것을 끄집어낸 적이 없다.

생각으로부터는 다음과 같은 결론이 나온다. 바로 DNA상의 뉴클레오티드 배열이 나타내는 지령^{指令}이 변경되어서 일어나는 경우가 아니고서는, 단백질의 구조나 작용의 변경을 일어나게 만들거나 이 변경이 부분적으로나마 다음 세대로 전달되도록 만드는 메커니즘이란 없다. 어떤 지령이나 정보가 단백질로부터 DNA에로 전달된다고 생각하게 만드는 어떤 메커니즘도 존재하지 않는다.

따라서, 이 시스템 전체는 완전히 그리고 아주 강력하게 보수적이며 자기 폐쇄적이다. 외부 세계로부터 오는 어떤 가르침도 전혀 받아들이지 못하는 것이다. 우리가 보다시피, 이 시스템은 그 속성에 있어서나 (DNA와 단백질 사이에, 또한 유기체와 그 환경 사이에, 오직 일방향적인 관계만을 수립하는) 그 미시적 시계장치와 같은 기능에 있어서나 어떤 '변증법적인' 기술^{記述}도 허용하지 않는다. 이 시스템은 근본적으로 데카르트적이지 전혀 헤겔적이지 않다. 세포는 전적으로 하나의 기계인 것이다.

그러므로 이 시스템은 그 구조상 모든 변화와 모든 진화에 저항하는 것처럼 보이기도 한다. 실제로도 그러하다는 데 전혀 의심의 여지가 없다. 이로써 우리는 사실상 진화 자체보다도 더 역설적인 어떤 사실을 설명할 수 있게 된다.[◆] 즉 수억 년 이래로 어떤 눈에 띄는 변화도 없이 자신의 형태를 똑같이 반복해온 몇몇 종들의 놀랄 만한 안정성을 말이다.

◆　물론 지금 이 설명은 부분적인 설명일 뿐이다.

$\cdots$

반면 물리학은 우리에게 어떤 미시적인 존재도 (결코 도달할 수 없는 한계인 절대 온도 0을 제외한 상태에서는) 양자적 차원의 요란攪亂을 겪지 않을 수 없음을 가르쳐준다. 이런 양자적 요란들이 거시적 시스템 내에 쌓이면, 이 시스템의 구조가 점차적으로, 결코 피할 수 없이, 변화를 겪게 되는 것이다.

생명체들 역시, 저 충실한 번역을 가능하게 해주는 그의 기계장치의 보수적인 완전성에도 불구하고, 이러한 법칙에서 벗어나지 못한다. 다세포 유기체의 노화와 죽음은 적어도 부분적으로는 번역 과정에서 일어나는 우연적인 오류들의[40] 축적에 의해 이뤄지는 것으로 설명될 수 있다. 이러한 오류들은 특히 번역을 충실하게 수행하는 데 책임이 있는 구성요소들에게 변화를 겪게 함으로써, 오류가 발생하는 빈도를 점점 더 높이게 되고, 그리하여 가차 없이 조금씩 유기체의 구조를 퇴화시켜 나가는 것이다.[♦]

미시적 요란

복제의 메커니즘 역시 이 모든 미시적 요란과 우연에서 벗어나

---

40 · 이러한 우연적인 오류들은 바로 양자적 차원의 요란에 의해서 생기는 것이다.
♦ Orgel, L.E., *Proceedings of the National Academy of Science*, 49, p. 517 (1963).

지 못한다. 벗어난다면, 그것은 물리학의 법칙을 위반하는 것이다. 이 미시적 요란들 중 몇몇은 DNA상에 배열되어 있는 몇몇 원소들에게 다소간 띄엄띄엄 변화를 가져다줄 것이다. 이로부터 전사(傳寫)상의 오류가 생겨나게 되고, 이 오류는 맹목적으로 충실하기만 한 저 메커니즘 덕분에, 다른 미시적 요란들과는 달리 그대로 자동적으로 다시 전사된다. 마찬가지로 이 오류는 또한 충실하게 번역되어 (돌연변이가 발생했던 DNA상의 부분에 대응하는) 폴리펩티드상의 아미노산 배열에 변화를 가져올 것이다. 하지만 부분적으로 새로워진 이 폴리펩티드가 구상 형태로 접혀지고 난 후에야, 돌연변이가 지니고 있는 유기체의 기능상의 '중요한 의미'가 비로소 드러나게 될 것이다.

생물학의 영역에서 이뤄지는 오늘날의 연구들 가운데 그 방법론적인 면에서 가장 뛰어나고 또한 그 중요성 면에서도 가장 심오하다고 여겨지는 것이 우리가 '분자유전학'이라고 부르는 것들이다(벤저Benzer, 야놉스키Yanofsky, 브레너Brenner, 크릭Crick). 이들 연구 덕분에 DNA의 이중 사슬상의 폴리뉴클레오티드 배열이 겪을 수 있는 우연적인 불연속적 변화들의 여러 유형을 부분적으로나마 분석할 수 있게 되었다. 그리하여 우리는 다양한 돌연변이들이 다음과 같은 원인에서 기인함을 확인하게 되었다.

1. 한 쌍의 뉴클레오티드가 다른 한 쌍에 의해 대체되는 경우.

2. 한 쌍의 혹은 여러 쌍의 뉴클레오티드가 결손되거나 부가되는 경우.

3. 길이가 각기 다른 뉴클레오티드 배열 부분들이 서로 순서가

뒤바뀌거나, 반복되거나, 다른 곳으로 옮겨지거나, 서로 섞이는 등의 일로 인해서 유전암호의 텍스트가 다양한 방식으로 '뒤죽박죽'이 되어 변화하는 경우.◆

이러한 변화는 우발적인 것, 즉 우연에 의해 일어나는 것이라고 우리는 말한다. 이러한 변화야말로 유전암호의 텍스트를 변경시킬 수 있는 유일한 원천이며, 또한 이 유전암호의 텍스트야말로 다음 세대에로 유전될 수 있는 유기체의 구조를 담고 있는 유일한 저장고이므로, 오직 우연이야말로 생명권에서 일어나는 모든 새로움과 모든 창조의 유일한 원천이라고 필연적으로 결론내릴 수 있다. 순전한 우연, 오직 우연, 절대적이지만 또한 맹목적인 것에 불과한 이 자유. 이것이 진화라는 경이적인 건축물을 가능하게 하는 근거인 것이다. 현대 생물학의 이와 같은 핵심적인 생각은 이제 더 이상 생각해볼 수 있는 여러 개의 가설들 중 하나가 아니다. 그것은 생각 가능한 유일한 생각이며, 관찰과 실험의 사실들과 양립할 수 있는 유일한 생각이다. 그리고 이러한 생각이 언젠가 재검토되어야 한다거나 혹은 그렇게 될 수 있다고 여기게 할 (혹은 그렇게 기대하게 해줄) 어떠한 것도 존재하지 않는다.

이러한 생각은 모든 과학 분야의 모든 생각들 중에서 인간중심주의에 대해 가장 궤멸적인 타격을 주는 것이며, 우리라는 아주 강력하게 합목적적인 존재로서는 직관적으로 가장 받아들이기 어려운

◆ 부록 274쪽 참조.

것이다. 이것은 한사코 생기론적이거나 물활론적인 모든 이데올로기들을 혼비백산시켜 쫓아내버리는 생각, 혹은 유령이다. 바로 그렇기 때문에, 진화의 원천이 우연적인 돌연변이라고 말할 때, 여기 이 우연이라는 말을 어떤 의미로 이해할 수 있으며 또 이해해야 하는가를 정확히 밝히는 것이 대단히 중요해지는 것이다. 우연이라는 개념의 내용은 결코 간단하지 않으며, 같은 말이 서로 대단히 다른 여러 상황에서 사용되고 있다. 몇 가지 예를 드는 게 가장 좋은 방법이다.

조작상의 불확정성과 본질적인 불확정성

우연이라는 말은 주사위 놀이나 룰렛 게임에서 사용되며, 이때 사람들은 어떤 면이 나올지를 예상하기 위해 확률 계산을 사용한다. 하지만 이런 순전히 기계적이고 거시적인 놀이가 '우연'에 좌우되는 것은, 순전히 충분한 정확성을 가지고 주사위나 공을 던지는 일이 단지 실제로 불가능하기 때문에 그런 것뿐이다. 결과의 불확정성을 대부분 제거할 수 있는 아주 고도의 정확성을 갖춘 투척기계를 얼마든지 생각할 수 있다. 그러므로 룰렛 게임에서의 불확정성incertitude이란 순전히 조작상의opérationnelle 것일 뿐, 본질적인essentielle 것은 아니라고 말해두자. 많은 현상에 대해서 우연이라는 개념과 확률 계산을 순전히 방법론적인 이유로 사용하는 경우가 많은데, 이때에 문제가 되는 우연도 역시 단순히 조작상의 우연일 뿐이라는 것을 쉬이 알 수 있을 것이다.

하지만 우연이라는 개념이 더 이상 단순히 조작상의 의미가 아니라 본질적인 의미를 갖게 되는 다른 경우들도 있다. 예컨대 '절대적인 우연의 일치'라고 부를 수 있는 경우, 즉 완전히 서로 독립적인 두 개의 인과 계열이 서로 교차하여 일어나게 되는 사건의 경우가 바로 그런 경우다. 의사 뒤퐁 씨가 긴급 호출을 받아 어떤 새로운 환자의 집으로 불려가는 도중, 배관공 뒤부아 씨는 옆집 지붕을 수리하고 있던 참이라고 가정해보자. 의사 뒤퐁 씨가 그 집 발치를 지나가려는 찰나, 배관공 뒤부아 씨가 부주의로 인해 손에 들고 있던 망치를 떨어뜨리게 되고, 이 망치가 떨어지는 (결정론에 의해 정해진)[41] 궤적은 지나가던 의사의 동선과 한 지점에서 겹치게 되어, 결국 의사는 머리가 박살나서 죽게 된다. 이때 우리는 의사가 운^{chance}이 없었다고 말한다. 그 본성상 전혀 예측 가능하지 않은 이런 사건을 두고 달리 무슨 용어를 사용할 수 있겠는가? 이 경우의 우연(운)은, 서로 완전히 독립적인 두 개의 사건 계열이 한 지점에서 우연히 마주쳐서 사고를 일으킨 것이기 때문에 분명히 본질적인 것으로 간주되어야 한다.

그런데 유전 메시지의 **복제** 과정에서 오류가 일어나도록 만들 수 있는 사건들과 이 사건들에 의해 결국 야기되는 유기체의 기능상의 결과들 사이도 마찬가지로 완전히 서로 독립적이다. 이들 사건들이 일으키는 유기체의 기능상의 결과는 이들 사건들에 의해 변형된 단

---

41 · 즉 망치가 떨어지면서 그리는 이 궤적은 자연법칙의 결정론에 의해 그렇게 그려지도록 필연적으로 정해진 것이다.

백질의 구조, 단백질이 수행하는 실제적 역할, 단백질들이 서로 간에 수행하는 상호작용, 그리고 단백질이 촉매 역할을 하여 일으키는 반응에 달려 있는데, 이 모든 일은 저 돌연변이적 사건 자체와는 무관하며, 또한 이 사건을 일으킨 원인들과도—이들 원인들이 가까운 원인이건 먼 원인이건, 또는 이 원인들의 본성이 결정론적인 것이건 그렇지 않은 것이건 상관없이—무관하기 때문이다.

마지막으로 미시적 차원에서는 더욱더 근본적인 불확정성의 원천이 존재하는데, 이는 물질 자체의 양자적 구조 속에 뿌리박고 있다. 그런데 돌연변이는 그 자체로 미시적이고 양자적인 사건이므로, '불확정성의 원리'의 적용을 받는다. 따라서 돌연변이라는 사건은 그 본성상 **본질적으로** 예측 불가능하다.

물론 많이들 알다시피, 가장 위대한 물리학자들 중에는 불확정성의 원리를 전적으로 받아들이려 하지 않은 사람들도 있다. '신이 주사위 놀이를 한다'는 것을 인정할 수 없다고 말한 아인슈타인을 필두로 해서 말이다. 몇몇 학파들은 이 원리가 말하는 불확정성이 본질적인 것이 아니라 순전히 조작적인 개념일 뿐이라고 주장하고자 애썼다. 하지만 불확정성이 사라진 보다 '정묘한' 구조에 의해 양자 이론을 대체하려 했던 모든 노력들은 실패로 끝났으며, 오늘날에는 거의 어떤 물리학자도 이 원리가 언젠가는 사라지게 될 거라고 믿고 있는 것 같지 않다.

어찌 되었건 다음의 사실을 강조해두자. 설혹 불확정성의 원리가 언젠가 포기된다 할지라도, 그럼에도 불구하고 DAN상의 뉴클레오티드 배열의 돌연변이를 일으키는 결정론적 과정—이 결정론적 과정이 아무리 완전한 것이라 할지라도—과 이 돌연변이가 단백질의 상호작용 차원에 기능적인 영향을 끼치게 되는 결정론적 과정 사이에는, 여전히 '절대적인 우연의 일치'만이 있을 것이다. 여기서 '절대적인 우연의 일치'란 바로 앞에서 배관공이 떨어뜨린 망치의 포물선 궤적과 의사의 동선 사이의 관계의 예를 가지고 규정한 의미를 말한다. 그러므로 사건은 여전히 '본질적인' 우연의 영역에 속하게 된다. 물론 우연이란 것이 본래부터 배제되어 있는, 따라서 저 의사는 처음부터 배관공이 떨어뜨린 망치에 맞아서 죽을 수밖에 없게 되어 있는, 라플라스의 우주로 되돌아가지 않는다면 말이다.

진화 : 절대적 창조이지 숨겨져 있던 것이 드러나는 것이 아니다création absolue et non révélation

베르그송은 진화에서 어떤 창조적인 힘의 표현을 본다. 이 창조적인 힘은 '창조 자체에 의한 창조'와 '창조 자체를 위한 창조' 이외에는 다른 아무런 목적에도 얽매이지 않는다는 의미에서 절대적이다. 이런 점에서 베르그송은 물활론자들과 근본적으로 다르다. 물활론은, 그것이 엥겔스의 것이건 테야르의 것이건 혹은 스펜서와 같은 낙관적 실증주의자의 것이건, 모두들 진화를 두고 우주의 내부 조직 속에서 애초부터 짜여져 있는 어떤 프로그램이 장대하게 펼쳐지는 것을 보기 때문이다. 그러므로 이들 물활론자들에게 진화는 결코 진정한 창조가 아니다. 단지 아직까지 표현되지 않고 있던 자연의 의도가 그때 비로소 드러나는révélation, 開示 것일 뿐이다. 배의 발생développement embryonnaire과 진화적 창발émergence évolutive을 같은 논리에 의해 이뤄지는 것으로 보려는 성향은 이로부터 기인한다. 현대 이론에 따르면, 개시開示◆는 배의 후성적 발생에만 적용되는 논리이지 진화적 창발에 적용되는 논리는 아니다. 진화적 창발은 본질적인 예측 불가능성에 그 원동력을 두고 있기 때문에 절대적인 새로움을 창조하는 것이다. 베르그송의 형이상학이 나아간 길과 현대 과학이 나아간 길이 이처럼 겉으로 보기에 서로 수렴한다는 것은 그저 순전히 우연한 일치의 결과일까? 아마도 그렇지 않을 것이다. 베르그송이 누구인가? 그는 물론 예술가이고 시인이지만, 거기에 더하여 자기 당대의 자연과학에 대해 상당히 해박한 사람이었다. 그런 그가 어찌 생명세계의 눈부신 풍요로움에, 거기에서 펼쳐지는 생명체들의 형태와 행동의 경이로운 다채로움에 둔감할 수 있었겠는가? 이 모든 풍요로움과 다채로움은 실로 어떤 구속으로부터도 자유로운 무진장한 창조의 힘을 거의 직접적으로 증언해주는 것이다.

하지만 베르그송이 '생명의 원리'가 곧 진화임을 말해주는 가장 명백한 증거를 보는 바로 그곳에서 현대 생물학은 그와 반대로 생명체가 가진 모든 속성들이 분자적 보존이라는 근본적인 메커니즘에 근거하고 있음을 본다. 현대 생물학의 입장에서 볼 때, 진화는 결코 생명

◆   아직 표현되지 않고 있던 것이 비로소 드러나는 것.

체의 속성이 아니다. 왜냐하면 오히려 보존의 메커니즘이야말로 생명체만이 특권적으로 유일하게 가진 독특한 본성을 이루는 것이며, 진화란 이러한 보존 메커니즘의 불완전성으로 인해 일어나는 것이기 때문이다. 그러므로 다음과 같이 말해야 하리라. 살아 있지 않은 시스템, 바로 자기를 복제하지 않는 시스템에게는 그 구조를 점차 허물어지게 만드는 원인이 되는 요란, 즉 '소음騷音'이 생명체에게는 진화를 일으키는 원인이 된다고. 이 요란이, 음악에 대해서와 마찬가지로 소음에 대해서도 매한가지로 귀먹어 있는 이 우연의 보존 기구—즉 DNA의 자기복제 구조—에 힘입어, 생명체의 진화가 보여주는 창조적인 완전한 자유를 가능하게 하는 것이다.

07

—

진화

생명체라는 이 극히 보수적인 시스템에 진화의 길을 열어주는 기본적인 사건들은 미시적이며 우연적인 것들이며, 또한 이 사건들은 자신들이 생명체의 합목적적인 기능에 결국 일으키게 되는 효과들에는 전혀 무관심하다.

우연과 필연

하지만 일단 한 번 DNA 구조에 새겨지고 난 다음에는, 이 (특이하고 그 자체로 본질적으로 예측 불가능한) 우연적인 사건들은 기계적으로 충실하게 복제되고 번역될 것이다. 즉 증식되고 전파되어 수백만 수천만의 동일한 복제가 생겨나게 될 것이다. 순전한 우연의 세계에서 빠져나와 필연의 세계로, 가차 없는 확실성의 세계로 들어가는 것이다. 왜냐하면 자연선택이 작용하는 것은 거시적인 차원, 즉 유기체의 차원이기 때문이다.

많은 뛰어난 지성들은, 오늘날에도 여전히, 다른 것의 도움 없이 오직 자연선택 혼자서 미시적·우연적 요란이라는 소음의 원천으로 부터 이 모든 생물권의 음악을 뽑아낼 수 있었다는 사실을 용인하거나 심지어 이해하고 있지도 않아 보인다. 자연선택은 실로 우연의 산물들에 대해서 작용하지, 다른 데서는 자신의 먹이를 찾을 수 없다. 하지만 자연선택이 작용하는 영역은 엄격한 요구가 지배하는 영역이며 모든 우연이 배제된 영역이다. 진화가 일반적으로 상향적인 방향성을 띠며 이뤄지는 것이나 점차적으로 더 화려하게 만개滿開해가는 듯한 이미지를 주며 이뤄지는 것은 바로 이러한 엄격한 요구에 의한 것이지 우연에 의한 것이 아니다.

다윈 이후의 일부 진화론자들은 자연선택에 대해 논하면서 내용이 매우 빈약하고 소박하며 잔인한 관념을 세상에 퍼뜨리는 경향이 있어왔다. 단순한 '생존경쟁'이라는 관념이 바로 그것인데, 이는 사실 다윈 자신이 사용한 표현도 아닌 스펜서가 사용한 표현일 뿐이다. 반면 20세기 초의 신다윈주의자들은 자연선택에 대해 훨씬 내용이 풍부한 생각을 제시하였으며, 정량定量적인 이론에 입각하여 자연선택에서 결정적인 요소는 '생존경쟁'이 아니라 종種 내부 안에서의 증식률 차이라는 점을 제시하였다.

현대 생물학의 성과들은 자연선택이라는 생각이 가진 내용을 한층 더 명료하고 정확하게 규명할 수 있도록 해준다. 특히 우리는 세포 내부의 사이버네틱 네트워크(가장 단순한 유기체의 것이라고 할지라도)에 대해, 곧 그것이 지닌 힘과 복잡성, 정합성整合性에 대해 예전에는 알 수 없었던 분명한 지식들을 갖고 있다. 이 지식에 의해 우리는 단백질의 구조 변화라는 형태로 나타나는 모든 '새로움'은 무엇보다도 앞서 그것이 시스템 전체—이 시스템 전체가 이미 상호 종속 관계를 이루고 있는 수없이 많은 요소들의 상호 연결로 이뤄져 있으며, 이러한 상호 연결이 유기체의 의도를 수행할 수 있도록 해준다—와 조화될 수 있는지에 의해 테스트받게 된다는 것을 예전보다 더 잘 이해할 수 있게 되었다. 그러므로 받아들여질 수 있는 유일한 돌연변이들이란 적어도 이 합목적적인 장치가 가지고 있는 정합성을 감소시키지 않고 오히려 이 장치가 이미 지향하고 있는 방향으로 그 정합성을 더 강화시켜주는 것들이거나, 혹은 이보다 훨씬 더 드문 경우지만, 이 장치를 새로운 가능성으로서 더욱 풍요롭게 해주는 것들이다.

돌연변이가 처음 나타날 때 이 합목적적인 장치가 어떻게 작용하고 있느냐가, 우연으로부터 태어난 이 새로운 시도를 잠정적으로 받아들일지 혹은 영속적으로 받아들일지, 그것도 아니면 거부할지를 결정하는 **최초의 본질적인 조건**이 된다. 자연선택에 의해 심판받는 것은 합목적적인 기능 상태, 즉 건설적이고[42] 제어적인 상호작용들의 네트워크가 갖는 속성들의 전체적인 표현인 것이다. 그리고 바로 이렇기 때문에 진화 자체가 어떤 '의도'를 수행하고 있는 것처럼, 다시

---

42 · 여기에 쓰인 '건설적(constructive)'이란 말은 '생명체의 구조와 기능을 형성하는'이라는 뜻이다.

말해 조상대대로부터 내려오는 유구한 '꿈'을 계속 이어가고 확장해 가려는 의도를 수행하고 있는 것처럼 보이는 것이다.

우연이라는 원천의 풍요로움

생명체의 복제 장치가 지닌 보수성은 거의 완벽한 것이므로, 하나하나의 돌연변이는 개별적으로 볼 때는 극히 드문 사건이다. 우리가 이 주제를 다루려 할 때 충분하고 정확한 자료를 갖고 있는 유일한 유기체는 박테리아인데, 이 박테리아의 어떤 한 유전자가 그에 대응하는 단백질의 기능적 속성에 눈에 띨 만한 변화를 가져올 돌연변이를 겪게 될 확률은 각 세포 세대마다 100만분의 1 내지 1억분의 1 정도의 차원이다. 하지만 박테리아는 몇 cc의 물속에서 수십억 개로 증가할 수 있다. 그러므로 이러한 집단에서 생기게 될 특정한 종류의 돌연변이체의 수는 10, 100 혹은 1,000 정도일 것이다. 그리고 이 집단에서 생기게 될 모든 종류의 돌연변이체의 총수는 10만에서 100만 정도로 추정할 수 있다.

그러므로 개체군의 차원에서 보자면 돌연변이란 결코 예외적인 현상이 아니다. 오히려 그것이 정칙이라 말할 수 있다. 그런데 자연선택의 압력이 가해지는 것은 개체군 가운데에서이지 하나하나의 개체 가운데에서가 아니다. 물론 고등 유기체들의 개체군은 박테리아의 개체군만큼이나 많은 수의 개체들로 이뤄져 있지는 않다. 하지만,

1. 어떤 한 고등 유기체의 게놈은, 예컨대 포유류의 게놈은, 박테

리아의 게놈보다 천 배나 많은 유전자를 포함하고 있다.

2. 난자에서 난자로 또는 정자에서 정자로 이어지는 생식 세포의 가계家係에서 세포 세대 수는 대단히 크며, 따라서 돌연변이가 일어날 공산도 대단히 크다.

인간에게서 몇몇 돌연변이가 발생하는 비율이 상대적으로 높은 것은 이상의 이유 때문이다. 예컨대 몇 가지 쉽게 알아볼 수 있는 유전적 질병을 일으키는 몇몇 돌연변이의 경우, 만의 하나에서 십만의 하나꼴로 발생한다. 게다가 여기서 제시된 숫자는 한 개체에 있어서는 아직 드러나지 않고 있다가 성적 재조합에 의해 서로 연결되어서만 비로소 현저한 효과를 가져오는 돌연변이의 경우는 포함하지도 않은 것이다. 진화에서 더 큰 중요성을 갖는 것은 이 후자의 돌연변이일 공산이 크다.

요컨대, 현재 약 30억에 이르는 인류의 인구수 상황에서는 매 세대마다 1천억 내지 1조에 달하는 돌연변이들이 일어나고 있다고 추산할 수 있다. 내가 이런 숫자를 제시하는 것은 어떤 한 종種의 게놈에 일어날 수 있는 우연적인 가변성의 크기가─복제 메커니즘의 매우 보수적인 속성에도 불구하고─얼마나 거대한 것인지 생각해보라는 의도에서다.

종의 안정성이라는 '역설'

이 거대한 '우연의 놀이'가 가진 크기와 자연이 이 놀이를 전개시켜 나가는 어마어마한 속도를 생각해볼 때, 설명하기에 어려워 보이 거나 혹은 거의 역설에 가깝게 보이는 것은 진화가 아니라 반대로 '형태'의 안정성이라고 해야 할 것이다. 우리가 알다시피, 동물계의 분류상 주요한 문^門의 체제상의 대강^{大綱}, plans d'organisation은 캄브리아 말기, 즉 5억 년 전부터 이미 분화되어 있었다. 심지어 어떤 종들은 수억 년 이래로 거의 눈에 띌 만한 진화 없이 그대로의 형태를 유지 하고 있다. 예컨대 1억 5천만 년 전의 굴은 오늘날 사람들이 식탁에 서 맛보는 굴과 똑같은 모습과 똑같은 향취를 가진 것이다.[◆] 게다가 '오늘날의' 세포—그 화학적 체제가 (예컨대 유전암호의 구조나 번역의 복잡한 메커니즘 따위가) 오늘날까지 불변적으로 그대로 전해져 오고 있기 때문에 이처럼 '오늘날의' 세포라고 말할 수 있다—는 20억 내 지 30억 년 전부터 존재해온 것으로, 이 까마득히 오래된 옛날부터 이미 자신의 기능적 정합성을 가능하게 해주는 강력한 분자적 사이 버네틱 네트워크를 갖추고 있었음에 틀림없다.

몇몇 종들의 이와 같은 놀라운 안정성, 진화에 소요되는 수십억 년이라는 긴 시간, 세포의 근본적인 화학적 설계가 지니고 있는 불변 성, 이 모든 것들은 명백히 생명체가 가진 합목적적인 시스템의 극단 적인 정합성에 의해서만 설명될 수 있는 특징이며, 따라서 합목적적 인 시스템의 이 극단적인 정합성이야말로 진화가 어떤 특정한 방향 을 향하여 전개되어 나가도록 이끄는 안내자의 역할을 함과 동시에

◆　　Simpson, *The Meaning of Evolution*, Yale University Press (1967).

또한 진화가 너무 쉽게 일어나는 것을 막는 브레이크 역할을 수행함으로써, 자연의 '룰렛 게임'이 제공하는 무수한 변화의 기회 중 오직 극히 작은 부분만을 받아들이게 (받아들여서 발전시키고 기존의 시스템에 정합적으로 통합되도록) 하는 것이다.

다른 한편 복제 시스템은 미시적 요란들을 막아낼 수 있기는커녕—복제 시스템은 이 요란들의 침투 앞에서 전혀 달아나지 못하는 먹잇감이다—반대로 이 요란들의 영향을 고스란히 자기 안에 받아들일 줄만 알 뿐이며, 그리하여 이 요란들을 그대로 합목적적인 시스템상의 변화로 나타나게 할 수 있을 뿐이다. 하지만 합목적적인 시스템상에 나타난 이러한 변화는 결국엔 최종적으로 자연선택에 의한 심판을 받게 되며, 따라서 거의 대부분의 미시적 요란들은 합목적적 시스템이라는 여과 장치를 무사히 통과하지 못한 채 무위로 끝나고 만다.

· · ·

DNA 암호 텍스트 중에 있는 한 글자가 다른 글자로 대체되는 것과 같은 단순한 점點 돌연변이는 가역적인 현상이다. 이론적으로 이러한 가역성은 예측할 수 있으며, 실험을 통해 증명할 수 있다. 하지만 두 개의 서로 다른 종으로 (설령 이 두 개의 종이 아직까지 서로 대단히 가까울지라도) 분화하는 것과 같은 현저한 진화는 본래의 공통된 종 안에서 서로 독립적으로 일어난 수많은 돌연변이들이 점차적으로 축적된 결과로서 일어나며, 또한 이 축적된 돌연변이들이 성행위에 의해서 촉진되는 '유전자 흐름flux génétique'을 통해 재조합됨으로써—이런 재조합도 언제나 우연에 의해서 일어난다—일어나는 것이다. 그러므로 이러한 현상은, 무수히 많은 수의 독립적인 사건들이 합쳐진 결과로 발생하는 것이므로, 통계적으로는 비가역적인 것이된다.

진화의 비가역성과 제2법칙

그러므로 생명세계에서 일어나는 진화는 필연적으로 비가역적인 과정이며, 따라서 시간 속에서 어떤 방향성을 가지고 있다. 그리고 이 방향은 엔트로피 증가의 법칙, 즉 열역학 제2법칙이 명하는 방향과 같은 방향이다. 이 사실은 단순한 유사성 이상의 것이다. 진화의 비가역성을 수립하는 것이 통계학적인 고찰인 것과 마찬가지로 열역학 제2법칙도 똑같이 통계학적 고찰에 근거해 있는 것이다. 실제로 진화의 비가역성을 열역학 제2법칙이 생명세계에서 표현된 것으로 보는 것은 정당하다. 이 제2법칙은 어디까지나 통계학적인 예측을 나타내는 것이기 때문에, 어떤 거시적인 시스템이, 그 진폭이 매우 작은 운동에 있어서는 아주 짧은 시간 동안 엔트로피의 고개를 거꾸로 거슬러 올라가는 일을 배제하지 않는다. 말하자면 시간을 거슬러 올라가는 일을 배제하지 않는 것이다. 바로 이런 예외적인 운동들이 생명체들의 복제 기구에 의해 포획되고 복제되어 자연선택에 의해 보존되는 것이다. 이런 의미에서 자연선택에 의한 진화는, 즉 미시적 우연이라는 거대한 저장고가 품고 있는 무한히 많은 우발적 사건들 중에서 다른 모든 사건들을 제쳐둔 채 오로지 극히 드물게 값진 사건들만을 선택함으로써 이루어지는 진화는, 시간을 거슬러 올라가는 일종의 타임머신이라 할 수 있다.

시간을 거슬러 올라가는 이 기구機構에 의해서 얻어지는 결과들—즉 진화가 일반적으로 보다 높은 단계를 향하여 상승해가는 경향을 보이는 것, 합목적적인 장치가 계속적으로 개선되고 더욱 풍요로워지는 것 등—이 어떤 이들에게는 기적적으로, 또 다른 이들에게는 역설적으로 보였을 것이다. 또한 오늘날까지도 몇몇 철학자들이나 심지어 생물학자들마저 진화에 대한 현대의 '다윈적 분자' 이론을 여전히 의심의 눈초리로 바라보고 있다. 이런 현상은 결코 놀라운 일이 아니라 오히려 아주 자연스러운 일이다.

항체의 기원

이러한 일이 일어나는 것은, 적어도 부분적으로는, 자연선택의 대상을 제공해주는 우연이 얼마나 무진장하게 풍부한 원천인지를 생각하지 못하는 데 그 이유가 있다. 하지만 항체에 의한 유기체의 방어 시스템을 살펴보면 우연이 가진 이러한 무진장한 풍부함을 극적으로 보여줄 사례가 나온다. 항체란 유기체에 침투해 들어온 이질적인 존재—예컨대 박테리아나 바이러스—를 식별해내어 입체특이적으로 결합하는 성질을 가진 단백질이다. 하지만 주지하다시피, 어떤 박테리아 종류에 특유한 '입체적 모티브'를 선별적으로 식별해내는 항체가 유기체 내에 생기게 되는 일은 (유기체 내에 생겨서 한동안 그곳에 머무르는 일은) 이 유기체가 이미 적어도 한 번 이 박테리아의 침투를 (자연적으로나 혹은 인위적인 예방접종을 통해서) 받아본 다음에만 일어난다. 게다가 유기체는 자연적인 것이든 인위적으로 만들어진 것이든 상관없이 거의 어떠한 항원에 대해서도 대응할 수 있는 항체를 그때마다 만들어낼 수 있는 능력을 가지고 있음이 입증되었다. 이 점과 관련된 유기체의 잠재력은 실질적으로 무한한 것으로 보인다.

그리하여 사람들은 항체의 입체특이적 결합 구조의 합성에 필요한 정보를 제공해주는 것이 항원 자체라고 오랫동안 생각해왔다. 하지만 항체의 이러한 구조의 합성은 항원으로부터는 아무것도 빚지지 않는다는 것이 오늘날 밝혀진 사실이다. 실상이 어떠냐 하면, 유기체 내에는 대단히 많은 수의 전문화된 세포들이 만들어지는데, 이 세포들이 항체의 구조를 결정짓는 유전 정보의 단편들을 가지고 일종의 '룰렛 게임'을 하고 있는 것이다. 이 전문화되고 대단히 신속하게 회전하는 유전적 룰렛의 정확한 작용은 아직까지 완전하게 해명되지 않은 상태다. 하지만 여기에 재조합과 돌연변이가 관여하는 것으로 보이는데, 이 두 현상은 항원의 구조에 대해서는 전혀 아무것도 모르는 가운데 그야말로 우연에 의해서 일어난다. 항원이 하는 일이란 그저 선택권자^{sélecteur}의 역할을 하는 것뿐이다. 즉 다른 세포들을 제치고 오직 자신을 식별해낼 수 있는 항체를 생산하는 세포만이 증식되도록 촉진하는 역할을 한다.

오늘날 알려진 가장 탁월하게 정교한 분자적 적응 현상의 기초에 이처럼 우연이라는 원천이 있음을 발견한 것은 극적인 일이다. 하지만 돌이켜 생각해보면, 오직 그와 같은 우연만이 유기체에게 모든 경우에 대응할 수 있는 '전방위적인' 방어수단을 마련해줄 정도로 충분히 풍부한 원천이 될 수 있음을 확연히 이해할 수 있다.

• • •

선택압의 방향을 정하는 요인으로서의 행동

자연선택설이 받아들여지기 어려운 또 다른 이유는 이 이론이 선택을 행하는 요인으로 너무나 자주 오직 **외적 환경**의 조건만을 주장하는 것처럼 간주되어왔다는 점이다. 하지만 이것은 순전히 잘못된 생각이다. 외적 조건들이 생물에 가하는 선택의 압력(선택압)은 어떠한 경우에도 이 생물의 합목적적 작용과 독립적으로 이뤄지지 않기 때문이다. 동일한 생태학적 활동범위 속에서 살고 있는 서로 다른 여러 생물들은 각각의 종마다 특유한 서로 다른 방식으로 외적 조건들과—이 외적 조건에는 다른 생물들도 포함된다—상호작용한다. 적어도 부분적으로는 생물 스스로 '선택한' 이러한 특유한 상호작용이야말로 생물이 겪는 선택압의 방향과 성질을 결정짓는 요소다. 그러므로 어떤 새로운 돌연변이가 만나게 되는 '최초의 선택 조건'은 두 가지 요인(외적 환경과 이 돌연변이가 발생한 생물의 합목적적인 장치의 구조와 작용 전체)을 서로 분리될 수 없는 방식으로 동시에 포함하고 있는 것이라고 말해두도록 하자.

선택의 방향을 결정하는 데 (생물 자신의) 합목적적인 작용이 차지하는 비중은 이 생물 자신의 유기적 조직화의 수준이 높아지면 높아질수록, 그러므로 다시 말해 외적 환경에 대한 이 생물 자신의 **자율성**이 높아지면 높아질수록, 그만큼 더 커지는 것은 자명하다. 이러한 비중이 점점 더 커지다 보면 고등생물들에게는 합목적적인 작용이 더 결정적인 것이 되는 지경에까지 이르러, 그들의 생존과 재생산은 다른 어떤 요인보다도 그들 자신의 행동에 의해 좌우된다.

게다가 처음에 한 이런저런 행동이 대단히 장기적으로 영향을 미치게 되는 경우가 자주 있는 것도 명백한 사실이다. 즉 어떤 행동의 영향력이 그 행동을 초보적인 양상으로 처음으로 수행했던 당대의 종種 자신에게만이 아니라 그의 자손 전체에게까지도—설령 이 자손 전체라는 것이 어떤 군群 전체라고 할지라도—미치게 되는 경우가 자주 있다. 주지하다시피 진화의 커다란 전기轉機들은 새로운 생태적 공간으로 진출하면서 이루어져왔다. 네발 달린 척추동물들이 나타나 그것들이 양서류, 파충류, 조류, 포유류 등으로 경이롭게 발전할 수 있었던 것은 처음에 '원시적인' 물고기 한 마리가 육지로 상륙하기로 '선택'했기 때문이다. 물론 처음에 이 물고기는 육지 위에서 이동하기 위해서 서툴게 배치기를 하는 수밖에 없었을 것이다. 이렇게 함으로써 이 물고기는 그가 가져온 행동의 변화로 강력한 사지四

肢를 발달시키는 선택압을 창조한 것이다. 진화의 마젤란Magellan이라 불릴 만한 이 용감한 선구자의 자손들 중에서 일부는 시속 80km보다 더 빨리 달릴 수 있게 되었고, 다른 일부는 놀랄 만큼 능숙한 솜씨로 나무를 기어오르게 되었으며, 또 다른 일부는 하늘을 정복하게 되었다. 이들은 먼 조상 물고기의 '꿈'을 각기 경이로운 방식으로 실현하고 연장하고 확대해갔던 것이다.

어떤 집단의 진화를 보면 겉으로 보기에 어떤 기관organe이 일정한 방향으로 발달하는 듯한 경향—수백만 년에 걸쳐서 지속되고 있는 경향—이 관찰된다.[43] 이 사실은 (예컨대 어떤 포식자의 공격과 마주쳐) 어떤 특정 유형의 행동을 하기로 처음에 선택한 것이 그런 선택을 한 종으로 하여금 그 행동을 뒷받침해줄 구조와 성능을 끊임없이 발전시켜 나가는 길로 들어서게 한 계기가 되었다는 것을 증언해준다. 일찍이 말의 조상이 초원에 살면서 포식자가 접근했을 때 (자신을 방어하기 위해 싸우거나 숨는 대신에) 도망치기로 선택했기 때문에, 오랜 세월의 진화 동안 여러 단계를 걸쳐 발가락 수를 줄여나감으로써, 현대의 말들은 오늘날과 같이 단 하나의 발가락(말굽)으로 걷기에 이르게 되었다.

새들의 혼전의식과 같은 아주 복잡하면서도 정확한 행동들이 그

---

43 · 이른바 '정향진화(定向進化, orthogenèse)'를 말하는 것이다. 생명체의 진화, 즉 생명체의 형태 변화가 정해져 있는 어떤 방향(목적점)을 향해 나아가면서 보다 완성된 형태를 갖도록 점차적으로 개선되는 쪽으로 이뤄지는 것처럼 보인다는 것이다.

들의 특별히 두드러진 형태학상의 특징들과 긴밀히 연관되어 있다는 점은 잘 알려진 사실이다. 이러한 행동의 진화와 이 행동을 뒷받침해주는 해부학적 특징의 진화는 서로 동행하는 것임에 틀림없다. 성선택$^{sélection\ sexuelle}$의 압력 아래에서 이 둘은 서로가 서로를 부르고 강화한다. 어떤 종 내에서 우연히 발생하게 된 장식裝飾이 짝짓기의 성공에 긍정적인 기여를 하게 된다면, 그때부터는 이 장식 자체가 점점 더 세련되게 발전하는 방향으로 선택압이 작용하는 것이다. 그러므로 휘황찬란한 깃털을 가지도록 한 선택 조건을 창조해낸 것은 성적 본능이라고, 즉 결국 **욕망**이라고 말하는 것은 정당한 일이다.◆

라마르크는 동물이 '삶에서 성공하기' 위해서 갖는 긴장 자체가 모종의 방식으로 그 동물의 유전적인 유산에 영향을 미쳐서 거기에 새겨지게 되고, 그리하여 이런 식으로 변화하게 된 형질이 그 자손들에게 직접적으로 부여된다고 생각하였다. 기린의 기다란 목은 결국 그들의 조상들이 가졌던 지속적인 의지, 즉 나무의 가장 높은 가지에까지 이르겠다는 의지의 결과라는 것이다. 이런 가설은 물론 오늘날에는 받아들여지지 않는다. 라마르크가 설명하고자 애썼던 이러한 결과는, 즉 어떤 종의 특유한 활동과 그 종의 해부학적 구조 사이에는 밀접한 연관이 있다는 결과는, 순전히 행위에 대한 자연선택의 작용으로써 이뤄질 수 있었음을 사람들은 알고 있는 것이다.

◆   Cf. N. Tinbergen, *Social Behavior in Animals*, Methuen, Londres (1953).

· · ·

인간이 진화해온 방향을 정한 선택압들의 문제도 이와 같은 방식으로 생각해야 한다. 문제되는 것이 우리 자신이라는 점을 제쳐두더라도, 또한 우리 존재의 뿌리를 그 진화의 과정을 통해 보다 더 잘 캐내게 되면 우리 자신의 현재적 본성도 보다 더 잘 이해할 수 있을 것이란 점과도 별도로, 이 문제는 그 자체로 특별히 흥미롭다. 왜냐하면 예컨대 화성인과 같은 공평무사한 제삼자가 보더라도 인간만이 고유하게 가진 특기의 발전, 다름 아닌 상징적 언어의 사용은 생명계에서 유일무이한 사건으로서, 또 다른 진화의 길을 열어 새로운 세계를, 즉 문화와 관념 그리고 지식의 세계를 창조하였기 때문이다.

언어와 인간의 진화

현대 언어학은 유일무이한 사건, 즉 인간의 상징적 언어가 결코 동물들이 사용하는 다양한 소통수단들—청각적 · 촉각적 · 시각적, 혹은 여타의 다른 수단들—로 환원될 수 없음을 강조한다. 이러한 주장은 물론 전적으로 옳다. 하지만 그렇다고 해서 이로부터 곧 진화에서 인간과 여타 동물들 사이의 불연속성이 절대적인 것이라고 생각한다거나, 혹은 인간의 언어가 처음부터 예컨대 대형 원숭이가 서로 교환하는 다양한 신호와 전달의 체계에서 전혀 아무것도 빚지지 않았다고 생각하는 것은, 내가 보기에는 어려운 일이며 무용한 가정에 지나지 않는다.

　동물들의 뇌도 틀림없이 자기 안에 정보를 새겨넣을 수 있을 뿐만 아니라 이들을 서로 결합하고 변형하는 조작을 행하며 이 조작의 결과를 다시 개개의 행동을 통해 드러내는 일을 할 수 있을 것이다. 하지만 중요한 점은 이처럼 개개의 행동으로 드러낼 수 있을 뿐, 자신이 아닌 다른 개체에게 자신 안에서 이루어진 이러한 원래의 독창적이며 사적私的인 조작을 그대로 전달 가능한 방식으로 드러내지는 못한다는 것이다. 그런데 인간의 언어는 바로 이런 일을 가능케 한다. 인간의 언어는 어느 한 개체가 행한 창조적인 연결과 새로운 결합이 다른 개체들에게도 전달되어 더 이상 그 개체의 죽음과 더불어 사라지지 않게 되었을 때 비로소 태어난 것이라고 생각할 수 있다.

　우리는 원시적인 언어가 어떠했는지 모른다. 왜냐하면 오늘날 단일종인 인류의 모든 종족들에게 상징적 도구는 모두 동등한 수준의 복합성과 소통 능력을 갖도록 이미 많이 발달해버렸기 때문이다. 게다가 촘스키에 따르면 언어의 심층 구조는, 즉 그 '형식'은 모든 인간 언어에서 동일하다. 언어 그 자체가 매우 뛰어난 특기이기도 하며 동시에 여러 가지 놀라운 특기들을 가능케 하는 도구이기도 한데, 이러한 언어의 발달은 호모 사피엔스에게서 중추신경계가 놀라울 정도로 발달되어 있다는 사실과 관련 있는 것이 분명하다. 더구나 이러한 중추신경계의 발달은 호모 사피엔스를 다른 것들로부터 가장 잘 구분 짓게 해주는 해부학적 특징이기도 하다.

　오늘날 우리는 인간의 진화는 알려진 가장 먼 조상 이래로 무엇보다도 두개골의, 즉 뇌의 계속적인 발달에 의해 이뤄져왔다고 확언할 수 있다. 이런 뇌의 발달을 위해서는 200만 년 이상의 세월 동안 선택압이 어떤 특정한 방향으로 지속적으로 가해지는 것이 필요했다. 200만 년이라는 기간은 상대적으로 짧은 것이기에 이 선택압의 강도는 대단한 것이었으며, 또한 어떤 다른 계통에서도 이와 유사한 예를 찾아볼 수 없을 정도로 이 선택압은 인간의 진화에게만 **특유한** 유별난 것이었다. 현대 유인원의 두개頭蓋 용량은 수백만 년 전에 살았던 그들 조상에 비해 그다지 더 크지 않다.

인간의 중추신경계의 두드러진 진화와 그를 특징짓는 특유한 능력의 진화 사이에 아주 밀접한 상관관계가 있었다고 상정하지 않을 수 없다. 이러한 상관관계로 인해 언어는 단순히 이와 같은 진화의 결과로 생긴 산물일 뿐만 아니라 또한 이러한 진화를 일어나게 만든 시원적 조건들 중 하나였을 것이다.

내게 가장 그럴듯하게 생각되는 가설은 다음과 같다. 아주 초보적인 상징적 의사소통이 일찍이 인류 진화의 아주 초기 단계에서 나타났는데, 이것이 근본적으로 전혀 새로운 가능성을 제공해주는 것이었기에, 그대로 종의 미래를 결정짓는 시원적인 '선택'의 조건이 되었다는 설이 그것이다. 즉 상징적 의사소통을 잘 하는 자들이 선택받아 살아남을 수 있는 전혀 새로운 선택압이 창조되었다는 것이다. 그러므로 이로 인해 언어 능력의 발달이 고취되었을 것이며 또한 언어 능력을 뒷받침해주는 생체 기관, 곧 뇌의 발달도 역시 고취되었을 것이다. 이 가설을 지지해줄 제법 강력한 논변들이 있다.

오늘날 우리가 알고 있는 진정 사람이라고 할 수 있는 가장 먼 인류는 (바로 오스트랄로피테쿠스Australopithèques인데, 르롸-구랑은 '오스트랄안트로프Australanthropes'라고 부르는 편을 선호했다. 나는 그의 의견에 동의한다) 이미 사람을 그와 가장 가까운 인척들, 즉 유인원들로부터 구별 지우는 특징을 가지고 있었다. 그는 직립하였는데, 이로써 앞발이 특별해졌을 뿐 아니라 골격과 근육이 특히 척추와 척추에 대한 두개의 위치가 많이 변화했다. 사람들은 인간이 다른 영장류들과는 달리 (여기에서 긴팔원숭이는 예외다) 사족보행으로부터 벗어난 것이 그의 진화에서 얼마나 중요한 역할을 했을지를 누차 강조해왔다. 오스트랄안트로프 이전에 이미 이루어졌을 이 오래된 발명이 엄청난 중요성을 가졌다는 데는 의심의 여지가 없다. 사족보행으로부터 해방될 수 있었기에 우리 조상들은 걷는 것을 혹은 달리는 것을 멈추지 않고서도 그들의 앞발을 사용할 수 있는 사냥꾼이 될 수 있었던 것이다.

하지만 이 원시 인류의 두개 용량은 침팬지의 그것보다 거의 나을 것이 없었으며 고릴라의 그것보다는 오히려 조금 못한 편이었다. 확실히 뇌의 무게는 그것의 능력에 비례하는 것은 아니다. 하지만 무게가 충분하지 못한 상태에서는 뇌가 발달하는 데 한계가 있으며, 호모 사피엔스는 분명 그의 두개 발달 덕분에 등장할 수 있었을 것이다.

좌우지간 진잔트로푸스Zinjanthropus의 뇌는 고릴라의 뇌보다 더 무게가 나가지 않았으나 유인원으로서는 알 수조차 없었을 일들을 할 수 있었던 것으로 보인다. 실제로 진잔트로푸스는 도구들을 만들었다. 그것들이 원시성을 벗어나지 못했음에도 인공물이라는 걸 겨우 알아볼 수 있었던 것은 아주 조잡한 똑같은 구조가 반복되어 나타나고, 화석 뼈 주위에 무리지어 모여 있었기 때문이다. 대형 원숭이들은 기회가 되면 돌과 나뭇가지 같은 자연적 도구들을 사용한다. 하지만 그들이 어떤 알아볼 수 있는 기준에 따라 인공물 같은 것을 만들어내는 일은 없다.

그러므로 진잔트로푸스는 아주 원시적이지만 호모 파베르*Homo faber,* 도구적 인간로 간주되어야 한다. 그런데 수련을 필요로 하는 의도적 행위가 이루어졌음을 증언해주는 도구제작 능력의 발달과 언어 능력의 발달 사이에는 밀접한 관련이 있음에 틀림없다. 이는 매우 그럴듯한 일인데,◆ 바로 그렇기 때문에 오스트랄안트로프가 그들의 초보적인 도구제작 능력에 걸맞은 상징적 의사소통의 수단을 가지고 있었다고 충분히 합당하게 추정할 수 있는 것이다. 나아가 오스트랄안트로트가 다른 동물들 외에도 무소, 하마, 표범 등과 같이 힘세고 위험한 짐승들을 성공리에 사냥하였을 것이라는 다트Dart와 같은 사람의 생각이 옳다면,◆◆ 이러한 사냥은 사냥꾼 무리들 내부의 사전 협의를 거쳐서만 이뤄졌을 것이다. 그러므로 사전 협의를 통한 계획을 짜는 데에는 언어의 사용이 필요했을 것이다.

오스트랄안트로프의 뇌 크기의 빈약한 발달은 이러한 가설에 상

◆ Leroi-Gourhan, *Le Geste et la Parole*, Albin Michel (1964); R.L. Holloway, *Current Anthropology*, 10, 395 (1969); J. Bronowsky, in 〈To honor Roman Jakobson〉, Mouton, Paris, p. 374 (1967).
◆◆ 위의 Leroi-Gourhan의 책에서 재인용.

치되는 듯이 보인다. 하지만 어린 침팬지들을 대상으로 한 최근의 실험에 따르면, 원숭이들은 분절된 언어를 배우지는 못하더라도 농아인이 사용하는 손짓 언어의 몇몇 요소들을 체득하고 사용할 줄은 알았다.♦ 그러므로 그때까지는 아직 현재의 침팬지보다도 결코 더 지적知的이지 않았던 어떤 동물에게서 그 운동-신경계에 어떤 변화들이 일어났고—반드시 아주 복잡한 변화들일 필요도 없다—이 신체상의 변화들로 인해 분절된 상징화 작용을 할 수 있는 능력이 얻어졌을 것이라고 충분히 추정할 수 있다.

하지만 일단 한 번 이렇게 고비를 넘어서게 되니, 그 다음부터 언어의 사용은, 제아무리 원시적인 수준에서 이뤄지는 것이었을망정, 지성intelligence이 살아남아야만 하는 가치를 비약적으로 증대시키지 않을 수 없게 만들었다. 즉 뇌의 발달이 일어나도록 만드는, 말 못 하는 다른 종들은 일찍이 그 어떤 경우에도 알지 못했던, 강력하고 정향적定向的인 선택압이 이렇게 해서 창조된 것이다. 이렇게 상징적 소통 시스템이 존재하게 되자마자 그것을 사용하는 데 가장 뛰어난 자질을 부여받은 개인이나 집단은 곧 그렇지 못한 다른 이들을 압도하는 우월성을 얻게 되었다. 언어가 없는 종들이 지녔을지도 모를 우월성과는 비교할 수 없을 정도로 엄청나게 큰 우월성을 말이다. 또한 언어사용으로 인해 생긴 선택압은 중추신경계의 진화가 어떤 특

♦ B.T. Gardner et R.A. Gardner, in *Behavior of non-human Primates*, Schrier et Stolnitz Edit., Academic Press, New York (1970).

정한 유형의 지성을 발달시키는 방향으로 전개되도록 장려하였음을
알 수 있다. 거대한 힘으로 가득 찬 이 특별한 능력, 즉 언어사용 능력
을 활용하는 데 가장 적합한 유형의 지성을 신장시키는 방향으로 진
화가 이루어진 것이다.

초기 언어습득

어쩌면 이러한 가설이 가진 것이라곤 사람을 끄는 힘이 있으며
합리적이라는 점뿐이었을지도 모른다. 하지만 현재의 언어와 관련
된 몇 가지 실증적 사실들에 의해서도 이러한 가설이 요구되고 있다.
어린아이가 어떻게 언어를 습득하는지를 연구해보면, 그 과정은 마
치 기적처럼 보인다. 그것이 본성상 어떤 형식적인 규칙체계를 반복
적으로 익히는 것과는 전혀 다르게 이뤄지는 듯 보이기 때문이다.◆
어린아이는 어떤 규칙도 배우지 않으며, 또한 결코 어른의 언어를 모
방하려들지도 않는다. 어린아이가 언어를 습득하게 되는 것은 그저
발달 단계마다 그에게 적합한 것을 취함으로써 이뤄지는 것이라고
말할 수 있을 뿐이다. 처음에 (생후 약 18개월쯤에) 어린아이는 약 열
개 정도의 낱말을 말할 줄 아는데, 언제나 이들을 따로따로 사용할
뿐 결코 흉내를 내서라도 서로 연결해서 사용하지는 못한다. 그러다
가 점점 낱말을 두 개, 세 개씩 점차적으로 서로 연결하여 구문構文의

◆   E. Lenneberg, *Biological Foundations of Language*, Wiley, New York (1967).

방식으로 사용하는데, 이러한 구문의 방식은 결코 어른의 언어를 단순히 반복하거나 모방하는 차원의 것이 아니다. 이와 같은 언어습득의 과정은 보편적인 것으로 보이며, 이 과정에서 일어나는 일들의 시간적 순서 역시 모든 언어에서 똑같다. 이처럼 어린아이가 언어를 갖고 놀다가 불과 2~3년 내에 그것을 아주 쉽게 숙달해내는 과정은 어른 관찰자들이 보기에는 언제나 믿을 수 없을 만큼 놀라운 일이다.

그렇기 때문에 이 언어습득의 과정에 어떤 배발생적embryologique · 후성적épigénétique 과정이 반영되어 있지는 않을까 가정해볼 수 있는 것이다. 즉 언어 능력을 뒷받침하는 신경 구조가 점차 후성적으로 발달함에 따라 언어 능력이 발달한다고 생각할 수 있다. 이러한 가설은 외상trauma으로 인해 생긴 여러 실어증의 사례들을 관찰한 결과를 보면 확증된다. 어린아이들이 외상으로 인한 실어증을 겪을 경우, 아이가 어릴수록 실어증은 더 빨리 그리고 더 완전하게 치료된다. 반면 사춘기에 접어들 무렵이나 그 이후에 실어증을 겪으면 증세는 더 이상 돌이킬 수 없게 된다. 이 밖에도 여러 관찰들에 의해 언어의 자발적 습득을 위한 임계 연령이 존재한다는 것이 확인되었다. 주지하다시피 성인이 되어 제2의 언어를 배우려면 체계적이고 지속적인 노력과 의지가 필요하다. 물론 이렇게 배우게 된 언어의 수준이란 태어나면서 자발적으로 습득한 언어에 비해서는 언제나 거의 열등한 정도지만 말이다.

뇌의 후성적 발달 과정 자체의 일부로서
프로그램되어 있는 언어습득

초기 언어습득이 후성적 발생 과정과 연관되어 있다는 생각은 해부학적 자료들에 의해 확증된다. 실제로 뇌의 성숙은 출생 이후 계속 진행되다가 사춘기와 더불어 끝난다. 이러한 뇌의 발달은 본질적으로 피질 신경세포(뉴런)들의 상호연결이 현저히 풍부해지면서 이뤄지는 것으로 보인다. 이 과정은 출생 후 첫 두 해 동안 대단히 빠른 속도로 진행되다가 그 이후로는 점점 더 느려진다. 이 과정은 사춘기 이후로는 계속 진행되지 않는 것으로 보이며, 따라서 이 과정이 이뤄지는 시기가 초기 언어습득이 가능한 '임계시기'에 해당하는 것이다.◆

여기에서 한 걸음 더 나아가는 것도 나로서는 망설일 이유가 없다고 생각한다. 유아의 언어습득이 이처럼 기적과 같이 자발적으로 일어나게 되는 것은, 언어습득 자체가 뇌의 후성적 발달이 직조織造되는 과정 자체의 일부이기 때문이다. 말하자면 뇌의 후성적 발달이 수행하는 기능 중 하나가 바로 언어를 받아들이는 일인 것이다. 조금 더 정확하게 말해보자. 인지적 기능의 발달은 출생 이후 이뤄지는 피질의 성장에 의존하는 것이 분명하다. 그런데 언어의 습득은 이러한 피질이 후성적으로 발달하는 동안 이뤄지기 때문에, 언어와 인지적 기능이 그토록 긴밀하게 연관되는 것이다. 언어와 그것이 나타내는

◆　Lenneberg, *loc. cit.*

인지를 내성內省에 의해서 서로 분리해낸다는 것이 대단히 어려울 정도로 이 둘의 연관은 긴밀하다.

일반적으로 사람들은 언어를 단지 '상부구조'일 뿐이라고 생각한다. 물론 인간의 언어가 극히 다양한 것을 보면, 언어는 두 번째 진화의, 즉 문화적 진화의 산물인 것처럼 보인다. 하지만 호모 사피엔스의 폭넓고 세련된 인지적 기능은 분명히 오직 언어 속에서만 또한 언어에 의해서만 존재할 수 있다. 언어라는 도구가 없으면, 이러한 인지적 기능 대부분은 활용될 수 없는 것으로 마비되고 만다. 이러한 의미에서 볼 때, 언어를 사용할 줄 아는 능력은 더 이상 한갓 상부구조로서 생각될 수 없다. 현대의 인간에게 그의 인지적 기능과 상징적 언어 사이에는 아주 긴밀한 공생관계가 있다는 것을 인정해야 할 것이다. 이런 긴밀한 공생관계는 이 둘의 장기간에 걸친 공동 진화의 소산인 것이다.

촘스키와 그의 학파에 따르면, 인간의 언어는 극히 다양하지만 심층적으로 분석해보면 그 아래에는 모든 언어에 공통된 하나의 '형식'이 있다. 그러므로 촘스키에 따르면, 이러한 형식은 선천적으로 타고난 것이고 종種에 애초부터 내재하는 특징이어야 한다. 이 같은 생각은 몇몇 철학자들과 인류학자들을 분노케 했다. 이들은 촘스키의 이러한 생각에서 데카르트적 형이상학으로의 회귀를 보았던 것이다. 하지만 이 생각에 함축된 생물학적 의미를 받아들인다면, 나로서는 하등 분개할 것이 없다고 생각한다. 그 반대로 촘스키의 생각은 내게 오히려 자연스러운 것으로 보인다. 인류 진화의 아주 이른 시기에 조잡한 상태로서 얻어진 언어사용 능력이 인간의 대뇌 피질 구조의 진화에 중요한 영향을 끼치지 않을 수 없었을 것이라는 점을 고려한다면 말이다. 이는 곧 인간의 진화에서 분절화된 언어의 출현이 단지 문화의 진화만을 일어나게 한 것이 아니라 인간의 신체적 진화에도 결정적인 방식으로 기여했다고 생각하는 입장이다. 만약 실제로 정말 이러했다면, 뇌의 후성적 발달 과정 중에 나타나는 언어사용 능력은 오늘날 '인간의 본성' 자체를 이루고 있는 것이다. 게놈에 있는 유전암호라는 근본적으로 다른 언어에 의해 규정되는 이 '인간의 본성'을 말이다. 기적일까? 아마 그럴 것이다. 왜냐하면 끝까지 분석해 보면 결국 이 모든 것은 우연의 산물이기 때문이다. 하지만 진잔트로푸스나 그의 동료들 가운데 누군가가 처음으로 어떤 범주를 나타내기 위해 분절화된 상징을 사용한 날, 그는 바로 이 행위를 통해 언젠가 다윈의 진화론을 생각해낼 수 있는 두뇌가 나타날 가능성을 비약적으로 증대시킨 것이다.

08

—

지식의 최전선

생물학적 지식에서 현재 미개척인 영역

아마도 30억 년이란 긴 세월 동안 이어져온 진화의 장구한 여정이나, 진화가 창조해낸 놀랄 만큼 다양한 구조들, 혹은 박테리아에서 인간에 이르기까지 생명체들이 보여주는 기적처럼 효율적인 성능들 따위를 생각해보면, 이 모든 것이 정말 거대한 우연적 놀이의 산물일 수 있을지, 우연히 뽑힌 숫자라는 눈먼 맹목적 선택에 의해 극히 드문 승자가 결정되는 그런 도박으로부터 나올 수 있을지 다시 의심하지 않을 수 없다.

이러한 생각만이 유일하게 사실들(특히 복제나 돌연변이의 그리고 번역의 분자적 메커니즘에 관한 사실들)에 부합할 수 있는 생각이라고 말해주는 축적된 증거들을 상세히 재검토해보면, 이 생각이 옳다는 확신은 되찾을 수 있겠지만 그렇다고 해서 진화 전체에 대한 직관적이고 종합적인 이해를 한눈에 얻을 수 있는 것은 아니다. 기적은 '설명되었지만', 여전히 우리들 눈에는 기적으로 보이는 것이다. 모리악 Mauriac이 말하듯이, "이 교수가 말하는 것은 우리들 비천한 그리스도인들이 믿고 있는 것보다 훨씬 더 믿기 어려운 것이다."

당연히 그럴 수밖에 없다. 그리고 이것은 현대 물리학의 몇몇 추상적인 이론들에 대해 사람들이 스스로 만족할 만한 정신적인 이미지를 머릿속에 그려낼 수 없는 것이 당연한 것과 마찬가지다. 하지만 경험적인 확실성과 논리적인 확실성을 갖춘 이론에 대해 이런 직관적인 어려움을 구실로 삼아 반대할 수는 없는 노릇 아닌가. 물리학의 경우, 그것이 미시 물리학이건 우주 물리학이건, 이러한 직관적인 이해를 어렵게 만드는 원인이 무엇인지 자명하다. 문제되는 현상들의 스케일이 우리의 직접적인 경험의 범주들을 크게 넘어서는 것이기 때문이다. 추상의 도움만이 이러한 결함을 어느 정도 메워줄 수 있겠지만, 그렇더라도 완전히 치유해주지는 못한다. 생물학에서의 어려움은 이와 다르다. 모든 것의 근거가 되는 기초적인 상호작용이 순전히 기계론적 성질의 것이므로, 이 점에서는 이해하기가 비교적 쉬운 편이다. 하지만 생명체 시스템이 가진 경이적인 복잡성은 그것에 대한 직관적인 전체상全體像을 갖는 것을 불가능하게 만든다. 물리학에서와 마찬가지로 생물학에서도 이와 같은 어려움은 순전히 주관적인 것이므로, 이론에 반대할 만한 구실이 될 수는 없다.

오늘날 우리는 진화의 기본적인 메커니즘을 단지 그 원리의 측면에서 파악하는 것을 넘어서 상세한 세부적인 면까지도 정확하게 확인하고 있다. 우리가 찾은 해답은 종의 안정성을 가능하게 하는 메커니즘 자체—DNA의 복제적 불변성, 유기체의 합목적적 정합성—가 또한 곧 진화를 가능하게 해주는 메커니즘이라고 말하는 것이므로 더욱더 만족스러운 것이다.

진화라는 개념은 앞으로도 오랫동안 더 풍부해지고 더 정확하게 다듬어져갈 생물학의 중심 개념으로 여전히 남아 있을 것이다. 하지만 본질적인 것에 관한 한 문제는 이미 해결되었으며, 진화의 문제는 이제 더 이상 지식의 최전선을 이루고 있지 않다.

내가 보기에 지금 지식의 최전선은 진화의 양 극단에서 펼쳐지고 있다. 한편으로는 최초 생명체의 기원 문제가, 다른 한편으로는 이제까지 나타난 것들 중 가장 강력하게 합목적적인 시스템—나는 인간의 중추신경계를 말하고 있다—의 기능에 관련된 문제가 지식의 최전선을 형성하고 있는 것이다. 이번 장에서 나는 아직 미지의 영역인 이 두 최전선의 윤곽을 대강 가늠해보려 한다.

• • •

생명체의 기원 문제

사람들은 생물학이 이제 생명체의 본질적인 속성들을 밑받침하는 보편적인 메커니즘을 발견했으니 생명체의 기원 문제를 해결하는 데에도 서광이 비친다고 생각할 수 있을 것이다. 하지만 실제로는 이 발견으로 문제를 훨씬 더 정확한 용어들을 사용하여 예전과는 거의 전적으로 다른 방식으로 정립할 수 있게 된 것은 사실이지만, 생명체의 기원 문제는 오히려 예전에 생각했던 것보다 훨씬 더 해결하기 어려운 것으로 드러나게 되었다.

최초의 유기체가 출현하는 과정은 다음과 같은 세 단계를 틀림없이 거쳤을 것이다.

1. 생명체의 필수적인 화학 성분인 뉴클레오티드와 아미노산이 지구상에서 형성되는 단계.

2. 이들로부터 복제 능력을 가진 최초의 고분자들이 형성되는 단계.

3. 이들 '복제 능력을 가진 구조들' 주위에 어떤 합목적적 장치가 구축되는 진화가 일어나고, 그리하여 원시 세포에 이르게 되는 단계.

이들 단계들을 해석할 때 제기되는 문제는 각 단계마다 서로 다르다. 첫 번째 단계는, 종종 '전-생명기前生命期'라고 불리는데, 이론상으로뿐만 아니라 실험적으로도 얼마든지 충분히 접근해갈 수 있는 단계다. 설령 이 전-생명기의 화학적 진화가 밟아간 길이 어떤 것이었는지에 대해서는 얼마간의 불확실성이 지금 남아 있고 앞으로도 여전히 그러하겠지만, 그 전체적인 그림이 어떻게 그려졌을지는 제법 분명하다. 40억 년 전의 지구의 대기 및 지각상의 조건은 메탄과 같은 간단한 탄소 화합물이 축적되기에 좋은 조건이었다. 게다가 거기에는 물도 있었고 암모니아도 있었다. 그런데 이들 간단한 화합물들에 비생물학적 촉매가 작용하게 되면 몇 가지 보다 복잡한 화합물들이 제법 쉽게 얻어지는데, 이들 가운데는 아미노산도 있고 또한 뉴클레오티드의 전구체前驅體인 함질소 염기含窒素鹽基와 당糖도 들어 있다. 주목할 만한 사실은 어떤 조건에서는—그리고 이와 같은 조건들이 실제로 형성될 수 있는 가능성은 충분하다—오늘날의 세포를 이루고 있는 구성성분과 똑같거나 유사한 화합물을 만들어내는 이와 같은 합성이 일어날 확률이 대단히 높다는 것이다.

그러므로 지구상의 어느 한 시기에 어느 정도 용량의 물이 생체고분자의 두 종류인 핵산과 단백질의 기본 성분들을 고농도의 용해 상태에서 포함할 수 있었다는 것은 **증명된** 일로 간주할 수 있다. 이 원시적인 '전-생명기의 수프'에서 다양한 고분자들이 그들의 전구체인 아미노산들과 뉴클레오티드들의 중합반응에 의해서 형성될 수 있었다. 실제로 전-생명기의 상황을 그럴듯하게 재현한 실험실 조건에서, 그 일반적인 구조가 '오늘날의' 고분자들과 유사한 여러 폴리펩티드들과 폴리뉴클레오티드들을 얻을 수 있었다.

그러므로 여기까지는 별로 어려움이 없다. 하지만 아직 최초의 결정적 단계를 넘어선 것은 아니다. 즉 원시 수프의 조건 속에서 어떤 합목적적 장치의 도움도 없이 자기 자신의 복제를 진척시킬 수 있는 고분자가 형성되어야 한다. 이러한 어려움이 극복될 수 없는 것으로 보이지는 않는다. 우리가 알기에 하나의 폴리뉴클레오티드 연쇄는 실제로 자발적인 짝짓기에 의해 자신에 대해 상보적인 배열순서로 상대편의 폴리뉴클레오티드 연쇄가 형성되도록 유도할 수 있다. 물론 그와 같은 메커니즘은 비능률적이었을 뿐이며 많은 과오를 일으켰을 뿐이다. 하지만 일단 한 번 제대로 작동하기 시작하자, 진화의 세 가지 근본적인 과정인 복제와 돌연변이 그리고 선택이 작용하기 시작했으며, 그리하여 자기 자신을 자발적으로 복제해내는 일에 그 배열의 구조상 가장 적합했던 고분자들에게 엄청난 이득이 주어졌을 것이다.◆

우리의 가설에서 세 번째 단계는 복제 능력을 가진 구조 주위에 합목적적인 시스템이 점차적으로 발생하게 됨으로써 하나의 유기체가, 즉 원시 세포가 구축되어간 단계다. 우리가 정말로 벽에 부딪치게 되는 것은 여기에서다. 왜냐하면 원시 세포의 구조가 어떠했을지에 대해 우리는 전혀 아무것도 알지 못하기 때문이다. 우리가 아는 가장 간단한 생명체인 박테리아 세포만 해도 작지만 매우 복잡하고 효율적인 기계장치로, 오늘날과 같은 상태를 갖게 된 것은 아마도 10억 년 전쯤부터인 것으로 보인다. 이 박테리아 세포의 화학적 기본 설계도는 다른 모든 생명체의 그것과 똑같다. 박테리아 세포는 예컨대 인간의 세포와 똑같은 유전암호와 똑같은 번역 메커니즘을 사용한다.

그러므로 우리가 연구할 수 있는 가장 간단한 세포들조차도 '원시적인 것'과는 거리가 멀다. 이들조차도 5천억 내지 1조 세대를 넘는 자연선택을 통해서 아주 강력한 합목적적 장치가 점차적으로 축적되어 이뤄진 산물이기 때문에, 이들에게서 정말로 원시적인 구조의 잔흔을 알아낼 수는 없는 것이다. 화석이 없는 상태에서 이러한

◆　　L. Orgel, *loc. cit.*

진화가 어떻게 이뤄졌는지를 재구성해내기란 불가능하다. 하지만 이러한 진화가 어떤 길을 걸어왔는지에 대해서, 무엇보다도 그 출발점에 대해서는 그럴듯한 가설이나마 제시할 수는 있을 것이다.

원시 수프가 점차 묽어져감에 따라 화학 포텐셜을 동원하는 법과 세포 성분을 합성하는 법을 새롭게 '배워야만' 했던 대사계代謝系가 어떻게 발전하였는가 하는 문제는 헤라클레스가 풀어야만 했던 문제만큼이나 어려운 문제를 우리에게 제기한다. 세포가 생존 가능하기 위해서는 선별적 투과성을 지닌—즉 받아들일 것과 그렇지 않은 것을 선별해낼 수 있는—세포막이 있어야만 하는데, 이 세포막이 어떻게 발생하게 되었는지에 대해서도 사정은 마찬가지다. 하지만 가장 커다란 문제는 유전암호와 그 번역 메커니즘의 기원 문제다. 실로 이것에 대해서는 그냥 '문제'라고 말하기보다는 '진짜 수수께끼'라고 말해야 할 것이다.

유전암호의 기원에 관한 수수께끼

유전암호란 번역되지 않으면 의미가 없다. 오늘날의 세포 번역 기계는 대략 150개의 고분자 성분을 포함하는데, 이들 성분들 자체가 DNA 속에 암호화되어 있다. 즉 암호의 번역에 의해 만들어지는 산물에 의해서만 암호가 번역될 수 있는 것이다. 이것은 '모든 살아 있는 것은 알로부터 나온다Omne vivum ex ovo'[44]라는 말의 현대판 표현이다. 언제 또한 어떻게 이 고리[環]가 이처럼 자기 순환적(자기 완결적)으로 채워지게 된 것일까? 이 물음에 대해 생각해보는 것은 극도로 어려운 일이다. 하지만 오늘날 우리는 유전암호를 해독할 수 있고 또한 그것이 보편적이라는 것을 알기에 최소한 문제를 정확한 방식으로 제기할 수 있게 되었다. 조금 단순화해 말한다면, 다음과 같은 두 가지 중 하나다.

a) 유전암호의 구조는 화학적 이유에 의해, 혹은 조금 더 정확히 말하자면, 입체화학적 이유에 의해 설명된다. 어떤 하나의 암호가 어떤 하나의 아미노산을 지시하도록representer '선택된' 것은 이 둘 사이에 모종의 입체화학적 친연성親緣性이 있기 때문이다.

b) 유전암호의 구조는 화학적으로 보자면 자의적인 것이다. 오늘날 우리가 알고 있는 바의 유전암호는 일련의 우연적 선택들의 결과로서, 이러한 선택들이 유전암호의 구조를 조금씩 점진적으로 풍부하게 만들어온 것이다.

이 중 첫 번째 가정이 월등히 더 매력적으로 보인다. 우선 이 가정은 유전암호의 보편성을 설명할 수 있다. 그리고 이 가정을 취하면, 원시적인 번역 기계의 모습이 어떠한 것이었을지를 상상할 수 있게 된다. 즉 여러 아미노산들이 서로 연쇄적으로 배열되어 하나의 폴리펩티드를 만들게 될 때, 이 배열의 방식이 이들 아미노산들과 복제 능력을 가진 구조 자체 사이의 직접적인 상호작용에 의해서 정해지는 모습을 보여주는 어떤 원시적 번역 기계를 상상할 수 있다. 마지

---

44 · 영국 의사인 윌리엄 하비의 말이라고 한다.

막으로 무엇보다도 이 가정은, 만약 그것이 옳다면 원칙적으로 실증 가능하다. 그리하여 이 가정의 옳음을 실증하기 위한 많은 시도가 행해졌지만, 현재까지 그 최종적인 결과는 부정적이다.[◆]

아마도 이 문제에 대해서는 아직까지 최종적인 결론이 내려지지 않고 있다. 어떤 확증을 기대한다는 것이 무망한 노릇으로 보이는 가운데, 사람들은 몇몇의 방법론적인 이유에서 흡족한 것이 못 되는 두 번째 가정으로 기울고 있다. 이처럼 여러 방법론적인 이유에서 흡족하지 못하다고 해서 이 가정이 꼭 부정확한 것은 아니다. 이 가정이 흡족하지 못한 데에는 여러 이유가 있다. 이 가정은 유전암호의 보편성을 잘 설명하지 못한다. 그러므로 유전암호의 보편성을 설명하기 위해서는, 암호를 짜기 위해 행해진 수없이 많은 시도들 가운데 오직 하나만이 살아남은 것이라고 생각해야 할 것이다. 이러한 생각은 그 자체로는 매우 그럴듯하지만, 원시적인 번역 기계의 모습이 어떠했는지에 대해서는 아무런 모델도 제시해주지 못한다. 그러므로 여기에서는 이제 추상적인 사변만으로 이 틈을 메워야 한다. 재치에 넘치는 생각들이 없지는 않다. 이 영역은 실로 자유로운 곳, 너무 자유로운 곳이니까.

깊은 흥미를 품게 하는 문제지만 그 해답을 보이지 않도록 가려 놓은 수수께끼가 여전히 남아 있다. 지구상에 생명이 출현하였다. 하지만 이 사건이 일어나기 전에, 같은 사건이 일어날 확률은 얼마나 되

◆　Cf. F. Crick, *Journal of Molecular Biology*, 38, pp. 367-379 (1968).

었을까? 그렇지만 생명권의 실제 구조를 고려해보건대, 생명의 출현을 가능케 한 결정적 사건은 오직 단 한 번만 발생했을 가능성을 배제할 수 없다. 즉 그 선험적 확률은 거의 0이었다는 말이다.

이러한 생각은 대부분의 과학자들을 불편하게 할 것이다. 유일무이한 사건에 대해서 과학은 아무런 말도, 아무런 일도 할 수 없다. 과학은 오직 집합을 이루는 사건들, 따라서 그 선험적 확률이 아무리 미소한 것일지라도, 어느 정도의 유한값을 갖는 사건들에 대해서만 '설說을 풀 수 있다'.[45] 그런데 유전암호를 비롯한 구조들의 보편성 자체가 모든 생명체들이 어떤 유일무이한 사건의 산물이라는 것을 말해준다. 물론 이 유일무이성이 수많은 여타의 시도들과 변이체들이 자연선택에 의해 도태되고 난 후 얻어진 것일 가능성은 있다.[46] 하지만 이러한 해석을 받아들일 만한 이유는 아무것도 없다.

우주에서 일어날 수 있는 가능한 모든 사건들 중 한 특정한 사건이 실제로 일어나게 될 선험적 확률은 0에 가깝다. 그럼에도 불구하고 우주는 존재한다. 즉 일어나기 전의 그 확률이 아무리 미소하다 하더라도, 우주에는 특정한 사건들이 일어나는 것이다. 현 시점에서

45· 과학의 본질은 법칙을 정립하고 이 법칙에 따라서 사건이 전개됨을 보여주는 데 있다. 이런 점에서 과학은 보편적인 법칙이 개별적인 사건들에 어떻게 적용되는지를 탐구하는 '보편자(universel)의 사유'라고 말할 수 있다. 과학은 사건들 속에서 어떻게 동일한 보편자가 반복되어 나타나는지를 탐구하는 것이므로, 따라서 과학이 주목하는 것은 **반복되는 사건**, 즉 그 공통성에 의해서 하나의 동일한 집합을 형성할 수 있는 사건들이다. 반면 유일무이한 사건은 반복되지 않는 사건, 따라서 과학의 보편적 법칙의 적용에 의해서 파악될 수 없는 사건이다.

46· 즉 생명의 출현을 위한 시도가 딱 한 번 있었던 것이 아니라 여러 번 있었을 수 있다.

우리는 생명이 지구상에 오직 단 한 번 출현했다는 것을 긍정할 수도 부정할 수도 없는 처지다. 따라서 생명이 출현하기 이전에 생명이 그렇게 출현할 수 있었던 가능성이 거의 0이었다는 것도 역시 긍정할 수도 부정할 수도 없다.

이러한 생각이 생물학자들에게 흡족하지 않게 여겨지는 것은 그들이 과학자이기 때문만은 아니다. 이러한 생각은 현 우주에 존재하는 모든 것은 애초부터 필연적으로 그렇게 되도록 운명 지어진 것이라고 믿고 싶어하는 인간의 성향과 상충한다. 운명의 존재에 대한 이 진한 향수애鄕愁愛를 항상 경계해야 할 것이다. 현대 과학은 모든 내재성을 거부한다. 운명이란 그것이 진행되어 나가면서 쓰여지는 것이지, 결코 먼저 쓰여 있는 것이 아니다. 우리의 운명은 인류가 출현하기 이전부터, 즉 생명권에서 유일하게 상징적 소통을 위한 논리적 체계를 사용할 줄 알게 된 이 종種이 출현하기 이전부터 쓰여 있던 것이 아니다. 인류의 출현은 또 하나의 유일무이한 사건으로서, 그 자체로 모든 인간중심주의로부터 우리를 떼어놓는다. 생명의 출현이 그러했던 것과 마찬가지로 인류의 출현도 역시 유일무이한 것이라면, 그것은 (인류가 출현하기 이전에 존재했던) 인류의 출현 가능성이 거의 0이었기 때문이다. 우주는 생명으로 충만해 있지도 않았고, 생명계는 인간으로 충만해 있지도 않았다.[47] 우리가 출현할 수 있었던 것은 몬

---

47 · 이것은 우주적 생기론자나 물활론자들의 입장이다. 이들에 따르면, 우주는 본래부터 생명으로 충만해 있으며, 생명의 완성이 바로 인간이다.

테-카를로의 도박장에서 우리의 번호가 우연히 운 좋게 뽑힌 것과 마찬가지다.[48] 방금 10억을 따서 망연茫然해 있는 사람처럼, 우리 역시 우리 자신의 조건에 대해 낯설음을 느낀다 하더라도 뭐가 이상할 것이 있겠는가?

• • •

또 다른 최전선 : 중추신경계

논리학자는 생물학자에게 다음과 같이 경고할 수 있을 것이다. "인간 뇌의 전체적인 기능을 남김없이 '파악하려 하는' 노력은 실패로 돌아갈 수밖에 없소. 왜냐하면 어떤 논리적 체계도 자기 자신의 구조를 남김없이 완전하게 기술할 수는 없기 때문이오."[49] 여하튼 이와 같은 논리적인 이유에서의 경고는 적절한 것이 아니다. 아직 우리는 지식의 이 최전선에 가까이 다가가지도 못한 채 멀찍이 떨어져 있기 때문이다. 하여간 이러한 논리적인 이유의 경고는 인간이 다른 동물의 뇌신경계를 분석하려 할 때에는 적용되지 않는다. 추정컨대 동물의 뇌신경계는 우리보다 덜 복잡하고 덜 강력하기 때문이다. 하지만 이 경우에도 여전히 커다란 어려움은 남아 있다. 동물의 의식적

---

48 · 몬테-카를로는 도박으로 유명한 도시국가 모나코의 수도다.
49 · 여기서 모노는 논리학자 괴델(K. Gödel)의 불완전성 정리를 두고 이런 말을 하는 듯이 보인다.

체험이 어떤 것인지를 우리로서는 직접 파고들어갈 수 없고, 아마 앞으로도 영원히 그럴 것이다. 개구리의 의식적 체험에 우리가 전혀 접근하지 못하는데도, 개구리 뇌의 기능에 대해 원칙적으로 완전히 기술할 수 있다고 주장할 수 있을 것인가? 이런 것을 의심하는 자체는 아주 정당하다. 그러므로 인간의 뇌에 대한 탐구는, 설령 원활한 실험적 접근을 가로막는 장벽들이 있다 하더라도, 다른 동물들의 뇌에 대한 탐구로는 대체할 수 없는 독보적인 의의를 갖는다. 왜냐하면 인간의 뇌에 대한 탐구는 어떤 체험과 관련된 객관적 소여와 주관적·의식적 소여를 서로 비교할 수 있게 하기 때문이다.[50]

아무튼 뇌의 구조와 기능은 접근 가능한 모든 수준에서 동시적으로 탐구될 수 있고 또한 탐구되어야 한다. 그 방법에 있어서나 직접적인 대상에 있어서나 서로 아주 다른 이 탐구들이 언젠가는 하나로 수렴되리라고 희망하면서 말이다. 하지만 지금 당장에 그들이 일치하는 점이라곤 그들이 하나같이 문제의 어려움에 직면하고 있다는 사실뿐이다.

가장 어렵고 가장 중요한 문제들 중에는 중추신경계와 같은 복잡한 구조의 후성적 발생이 제기하는 문제가 있다. 인간의 중추신경

---

50 · 동물에게 어떤 외적 자극이 주어졌을 때, 그 동물이 주관적으로 어떤 (의식적) 체험을 하는지 우리는 알 수 없다. 우리는 이 동물의 의식적 체험에 바로 파고들어갈 수 없기 때문이다. 반면 우리는 자기 자신의 (주관적) 의식적 체험에 대해서는 내성적 반성을 통해서, 또한 타인의 (주관적) 의식적 체험에 대해서는 그의 말을 통해서 직접 접근할 수 있다. 그러므로 인간의 뇌에 대한 탐구에서는 어떤 외적 자극(객관적 소여)과 연결되는 의식의 내적 체험(주관적 소여)이 어떤 것인지를 비교할 수 있다.

계는 10^{14}개에서 10^{15}개에 이르는 시냅스들의 매개에 의해 서로 연결되는, 10^{12}개에서 10^{13}개에 이르는 뉴런들을 포함하고 있다. 이 중 일부의 시냅스들은 서로 멀리 떨어져 있는 신경세포들을 서로 연결하기도 한다. 나는 서로 멀리 떨어져 있는 것들 사이에 형태발생적 상호작용—원격遠隔 상호작용—이 실제로 일어난다는 사실이 제기하는 수수께끼에 대해 이미 언급하였다. 여기서 이 수수께끼로 다시 돌아가지는 않겠다. 아무튼 이러한 문제들은 특히 몇몇 주목할 만한 실험들에 의해 명확하게 제기될 수 있게 되었다.◆

시냅스라는 기본적인 논리적 요소의 기능을 인식하지 않고서는 중추신경계의 기능을 이해할 수 없다. 분석의 대상이 되는 모든 차원들 중에서 시냅스의 차원은 실험으로 접근하기에 가장 용이한 수준이며, 따라서 우리 주변에 정교한 기법으로 수행된 많은 연구자료들이 있다. 그럼에도 불구하고 시냅스에 의한 전달을 분자들의 상호작용으로 해석하는 데까지는 아직 이르지 못하고 있다. 하지만 이것은 핵심적인 문제다. 왜냐하면 기억의 궁극적인 비밀이 아마 여기에 숨어 있을 것이기 때문이다.

오래전부터 사람들은 기억이란 신경에 유입되는 것을 시냅스 전체로 전달하는 역할을 맡은 분자들의 상호작용에 생긴 비가역적인 변화로 기록되는 것이라는 이론을 제시해왔다. 이 이론은 무척 그럴듯하지만, 직접적인 증거는 없다.◆◆

◆   R. W. Sperry, *passim*.

중추신경계의 기본적인 메커니즘에 관한 이런 심각한 무지에도 불구하고 현대의 전기생리학電氣生理學은 특히 몇몇 감각경로들에서 신경 신호들이 어떻게 분석되고 통합되는지에 대해 매우 의미 깊은 연구결과들을 제공해주고 있다.

우선 이 연구결과들은 (시냅스들의 매개를 통해) 수많은 다른 세포들로부터 받아들일 수 있는 신호들을 집적하는 뉴런의 속성에 대해 말해준다. 분석 결과, 뉴런은 기능 면에서 전자계산기의 집적요소와 대단히 유사하다는 것이 증명되었다. 뉴런은 전자계산기의 집적요소와 마찬가지로 예컨대 명제命題 계산의 모든 논리적 연산을 수행할 수 있다. 하지만 여기서 더 나아가 뉴런은 온갖 신호들의 시간상에서의 일치를 고려하여 그들을 더하거나 뺄 수도 있으며, 또한 자신이 내보내는 신호들의 진동수를 자신이 받아들이는 신호들의 진폭에 따라 변경할 수도 있다. 실제로 오늘날의 계산기에 사용되는 어떤 단위 구성요소도 이만큼 다양하고 섬세하게 조율된 기능을 수행하지 못한다. 뉴런이 그 기능 면에서 계산기의 단위 구성요소를 이처럼 크게 능가한다 하더라도, 사이버네틱적 기계들과 중추신경계 사이의 유사성은 여전히 인상 깊은 것이며, 따라서 이 둘을 비교하는 것은 여

◆ ◆ 기억이란 어떤 고분자들(리보 핵산)의 잔기들의 배열 속에 암호로 기입되는 것이라는 이론이 최근 일부 생리학자들에게서 신망을 얻고 있다. 이들 생리학자들은 이런 이론을 받아들이는 것이 유전암호에 대한 연구로부터 얻은 생각들과 합치하는 것이거나 또는 이 생각들을 활용하는 것이라고 믿고 있는 듯하다. 하지만 이 이론은 우리가 현재 유전암호나 그 번역 메커니즘에 대해서 알고 있는 것에 비추어볼 때 결코 지지받을 수 없는 것이다.

전히 유익한 일이다. 하지만 이러한 유사성과 비교는 단지 낮은 수준의 집적의 차원에만, 예컨대 감각 분석의 첫 번째 단계에만 해당된다는 것을 알아야 한다. 피질이 갖는 고등한 기능—언어작용은 그 표현이다—은 이러한 유사성과 비교를 완전히 벗어나는 듯이 보인다. 따라서 여기에 있는 차이가 단지 '양적인 것'인지, 즉 복잡성의 정도 차이인지, 아니면 '질적인 것'인지를 물으려 할 수 있을 것이다. 하지만 나로서는 이 물음은 의미가 없다. 그 어떤 것도 집적의 수준이 달라짐에 따라 기본적인 상호작용의 본성도 달라진다고 생각하게 만들지는 않는다. 변증법의 첫 번째 법칙이 적용되는 경우가 있다면, 그것이 바로 이 경우다.[51]

· · ·

중추신경계의 기능

인간의 인지적 기능은 매우 세련된 것이고 또한 매우 많은 방식으로 사용되는 것이기에, 오히려 우리는 뇌가 (인간을 포함한) 동물들에게서 수행하는 원래적인 기능이 무엇인지를 종종 보지 못한다. 뇌의 원래적인 기능을 규정하여 열거하자면 아마도 다음과 같이 될 것

---

51 · 즉 모노는 지금 서로 다른 집적의 수준들 사이에 있는 차이는 단지 양적인 차이, 복잡성 정도의 차이일 뿐, 결코 집적의 수준이 달라짐에 따라 집적기능을 수행하는 작용들의 본성이 달라지는 질적인 차이가 아니라고 주장하는 것이다.

이다.

1. 감각 입력에 맞추어 신경 지배 활동을 조절하고 통합한다.

2. 크고 작은 복잡한 행동을 위한 프로그램들을 유전적으로 결정되어 있는 여러 회로들의 형태로 포함하고 있다. 또한 특정한 자극에 따라 프로그램들을 작동시킨다.

3. 감각 입력들을 분석하고 여과하고 통합하여 외부 세계를 재현해낸다. 이때 외부 세계에 대한 각 동물종種의 재현방식은 종적인 차이로 인해 서로 다르다. 즉, 각 동물종마다 자신의 종에게만 특유하게 적합한 방식으로 외부 세계를 재현해내는 것이다.

4. 각 종에 특유한 행동양식과 관련하여 의미 있는 사건들을 기록하고 저장하며, 그들을 유사한 것들끼리 묶어 집합들로 분류한다. 이 집합들을 그들 각각을 구성하는 사건들 사이의 관계에 따라—동시적으로 일어났느냐 순차적으로 일어났느냐에 따라—서로 연관 지운다. 이미 선천적으로 타고난 프로그램들에다 이런 경험들을 더 보탬으로써 보다 풍요롭고 보다 정묘精妙화되도록, 또한 다양화되도록 만든다.

5. 상像을 만들어낸다(상상한다imaginer).[52] 즉 외부의 사건들이나

---

52 · 여기서 사용된 imaginer라는 말은 흔히 이해하듯이 '현재 주어지지 않는 것을 마음속에 떠올려본다'는 의미의 '상상하다'가 아니라, 이런 의미를 포함하여 어떤 상(像)—상(像)이 상일 수 있는 것은 그것이 그것 자신 너머의 다른 것(상이 가리키는 대상)을 가리키기(représenter) 때문이다—을 마음속에 떠올리는 모든 작용을 의미한다. 즉 여기서의 imaginer라는 말은 표상작용(représenter) 일반을 가리키는 말이다. 표상(représentation)이란 마음 외부에 존재하는(present) 대상을 마음이 자신에게 떠올

혹은 동물 자신의 행동의 프로그램을 표상하고^{representer} **본뜬다**^{simuler}.

처음 세 개 항에서 규정된 기능들은 일반적으로 고등동물로 분류되지 않는 동물들, 예컨대 절족동물節足動物 등의 중추신경계에 의해서도 수행되는 것들이다. 매우 복잡하면서도 선천적으로 타고난 행동의 프로그램으로서 우리가 아는 가장 눈에 띄는 예는 곤충들에게서 발견된다. 네 번째 항에서 규정된 기능이 이들 동물들에게서 중요한 역할을 하고 있는지는 의심스럽다.◆ 반면 이 네 번째 항의 기능은 모든 척추동물의 행동에는 물론이거니와 문어와 같은 고등한 비척추동물의 행동에도◆◆ 아주 중요한 방식으로 기여한다.

실로 '의도적(기획적^{projective})'이라고 할 만한 다섯 번째 항의 기능은 아마도 틀림없이 고등 척추동물들만이 가진 특권일 것이다. 하지만 이 경우에는 의식의 장벽이 사이에 끼어든다. 우리는 오직 우리와 가까운 종들에게서만 이러한 기능의 활동(예컨대 꿈을 꾸는 것)을 나타내는, 외적 징후를 알아볼 수 있을지도 모른다. 물론 그 외의 다른 종

리는re-present 방식, 즉 이 대상을 나타내는 본을 뜨는(simuler) 방식이다. 이 본(상)은 대상을 있는 그대로 드러내는 것이 아닐 수 있으므로, représentation은 존재하는(present) 대상에 대해 단지 그 본을 뜨는(simuler) 것이다.

실은 위의 3의 규정에서 우리가 '재현해낸다'고 번역한 원어가 représenter이다. 우리가 보기에, 3의 규정에서 사용된 이 말은 '상을 떠올린다'는 의미인 '표상한다'라는 말로 번역되어서는 곤란하다. 이렇게 되면, 3과 5의 규정이 별로 다르지 않기 때문이다. 3의 규정에서 사용된 'représenter'라는 말은 '마음속에서 (의식적으로) 상을 떠올리는 것'과 같은 의식적 차원의 작용이라기보다는 주어지는 외부 자극에 대한 의식화되기 이전의 감각적·행동적 차원의 반응이라고 봐야 한다.

◆   아마도 꿀벌은 여기에서 예외일 것이다.

◆◆   J.Z. Young, 《A model of the brain》, Oxford University Press (1964).

들은 이러한 기능을 완전히 결여하고 있다고 말할 수도 없을 테지만.

1·2·3의 기능이 단지 조정적調整的이고 외부 세계를 재현해내는 représentative 데 그치는 기능인 반면, 4와 5의 기능은 인지적 기능이다. 그리고 오직 5의 기능만이 주관적 경험을 창조해낼 수 있다.

감각인상의 분석

3항의 규정에 따르면, 중추신경계에 의한 감각인상感覺印象의 분석은 외부 세계에 대한 어렴풋하지만 일정한 방향으로 정위定位된 재현을 제공해준다. 즉 외부 세계에 대한 일종의 축도縮圖를 제공해주는 것인데, 각 동물종마다 서로 다르게 그려지는 이 축도 속에는 그 종에 특유한 행동과 관련해서 각별한 중요성을 갖는 것들만이 분명한 모습을 드러낸다(요컨대, 이 축도는 하나의 '비판적critique' 축도다. 이때 '비판적'이란 말은 칸트적인 의미를 보완한 의미로 받아들여져야 한다). 실제로 이렇다는 것을 입증해주는 실험들이 넘치도록 많다. 예컨대, 개구리 눈의 뒤쪽에 있는 분석기는 개구리로 하여금 파리가 (즉 검은 점이) 움직일 때는 볼 수 있게 하지만 움직이지 않고 가만히 있을 때에는 그렇게 하지 못한다.◆ 따라서 개구리는 움직이는 파리밖에는 잡지 못한다. 전기생리학적 분석에 의해 증명되는 것인데, 이는 결코 개구리가 움직이지 않는 작은 검은 점을 보아도 그것이 먹잇감이라

◆   H.B. Barlow, *Journal of Physiology*, 119, pp. 69–88 (1953).

는 확신이 없어서 무시하기 때문에 일어나는 일이 아니다. 이 점은 주목해야 할 사실이다. 아마도 움직이지 않는 점의 영상이 개구리의 망막 위에 맺히기까지는 할 것이다. 하지만 개구리의 신경계는 오직 움직이는 물체에 의해서만 자극을 받으므로, 이 영상이 전달되지 않는 것이다.

고양이에게 행해진 몇몇 실험들은,◆ 스펙트럼상의 모든 색들을 동시에 반사하는 장場은 흰 표면처럼 보이지만 흰색이란 주관적으로는 그 어떤 색도 부재하는 것으로 해석된다는 미스터리한 사실에 대해 해석할 수 있도록 해준다. 각자 서로 다른 파장波長에 반응하는 뉴런들 사이에는 교차 저해가 일어나며, 이로 인해 망막이 서로 다른 파장을 가진 모든 가시광선들에 한꺼번에 노출될 때에는 이들 뉴런들이 아무런 신호도 보내지 않는다는 것을 실험자들이 보여준 것이다. 그러므로 어떤 주관적인 의미에서는 뉴턴보다는 괴테가 옳았던 셈이다. 괴테의 잘못은 한 시인으로서는 허용될 수 있는 것이었다.

동물들이 몇몇 추상적인, 특히 기하학적인 범주들에 따라 대상들이나 대상들 사이의 관계들을 분류할 수 있다는 데에는 어떠한 의심도 없다. 문어나 쥐는 삼각형이나 원, 사각형의 관념을 배울 수 있다. 이들은 그들 앞에 제시된 실제 대상들이 가진 크기나 방향성, 색깔에 상관없이 이 대상들의 순수한 기하학적 특징들을 실수 없이 알아볼 수 있다.

◆ T.N. Wiesel et D.H. Huble, *J. Neurophysiol.*, 29, pp. 1115-1156 (1966).

시야 속에 주어진 도형들을 분석하는 고양이의 신경회로에 대한 연구는 대상의 기하학적 속성을 알아보는 식별 능력이 신경회로의 구조 자체에서 연유한다는 것을 밝혀냈다. 신경회로가 망막에 주어진 이미지를 여과濾過하고 재구성하는 것이다. 결국 신경회로 자체가 자신의 고유한 제한을 이미지에 가하여, 이 이미지로부터 몇몇 단순한 요소들을 추출해내는 것이다. 예컨대 몇몇 신경세포는 왼쪽에서 오른쪽으로 기운 직선도형에만 반응하는 반면, 반대 방향으로 기운 직선도형에만 반응하는 신경세포들도 있다. 그러므로 기초 기하학의 관념들[53]은 대상 자체 속에서 표상되는 것이라기보다는 이 대상을 지각하는 감각분석기에 의해서 표상되는 것이다.[54] 대상을 지각

---

53 · 즉 원이나 삼각형, 사각형 등과 같은 기하학의 기초적 관념들.

54 · "……대상 자체 속에서 표상되는 것이라기보다는 이 대상을 지각하는 감각분석기에 의해서 표상되는 것이다(pas tant représentées dans l'objet que par l'analyseur sensoriel qui le perçoit……)"라는 표현은 우리말로 옮겨놓으면 다소 어색하게 들리지만, 불어에서는 이런 식의 표현이 자주 쓰인다. 간단하게 말해, 우리가 어떤 대상에게서 삼각형 같은 꼴을 지각한다면, 이 삼각형은 이 대상 자체 속에 있는 것이라기보다는 이 대상을 지각하는 우리의 주관에 의해 재구성된 것이라는 의미다.

　　논의의 큰 흐름에 비추어볼 때 여기서의 논의는 크게 중요한 것은 아닐 것이다. 하지만 우리가 보기에, 이곳에서의 모노의 설명은 너무 간결해서 애매하다. 가령 삼각형 꼴을 가진 어떤 대상을 우리가 지각한다고 할 때, 우리의 신경회로가 이 대상에 의해 우리의 망막에 주어진 이미지를 여과하고 재구성하여—즉 이 대상을 이루는 단순한 요소들을 추출하여—이 삼각형을 지각하게 되는 것이라면, 이 삼각형은 이 대상 자체에 속하는 것일까? 아니면 단지 이 대상을 지각하는 우리의 신경회로에 의해 창작되어 대상에 부여된 것일까? '대상을 이루는 가장 단순한 요소들을 추출해내고…… 재구성한다고' 말한다면, 이미 대상 자체 속에 있는 것을 우리의 신경회로가 한꺼번에 있는 그대로 파악하지는 못하고 그것의 여러 단순한 구성요소들을 일단 나누어서 추출한 다음 재조립한다는 얘기처럼 들릴 수 있다. 하지만 곧 이어지는 얘기를 들어보면, 모노는 실은 이보다 더 강한 주장을 하고 있는 것으로 보인다. 즉 '대상에 대한 우리의 지각이란 대상이 이미 갖고 있

하는 이 감각분석기가 대상의 가장 단순한 요소들로부터 이 대상을
재구성해내는 것이다.♦

본유주의와 경험주의

그러므로 오늘날의 이러한 발견은 어떤 새로운 의미에서 데카
르트와 칸트가 옳고 철저한 경험론자들이 틀리다는 것을 보여준다.
하지만 선천적으로 타고난 본유本有적인 인식의 틀이 있다는 것을 한
사코 의심하는 경험론자들의 주장은 지난 200년 이래로 과학에서
늘 지배적이었다. 오늘날에도 여전히 일부 동물행동학자들은 동물
들의 행동을 구성하는 요소들은 선천적으로 타고난 것이거나 아니
면 경험에 의해 얻어진 것이거나 둘 중 어느 하나일 뿐이라고 생각한
다. 즉, 이 두 가지 방식은 서로에 대해 완전히 배타적이라고 생각하
는 것이다. 하지만 로렌츠가 열정적으로 보여주었듯이 이런 생각은
완전히 잘못된 것이다.♦♦ 물론 동물의 행동에는 경험에 의해 얻어진
요소들이 포함되어 있으나, 경험적인 것들의 이러한 포함은 동물들
에게 이미 선천적으로 주어져 있는, 즉 유전적으로 결정되어 있는 어
떤 **프로그램**에 따라 이뤄지는 것이다. 이 프로그램의 구조에 맞추어

는 속성을 단순히 우리가 발견해내는 것이 아니라 대상을 지각하는 우리의 주관적 조건
에 의해 만들어진 것을 대상에 부여하는 것'이라고 말이다.

♦ D.H. Hubel et T.N. Wiesel, *Journal of Physiology*, 148, pp. 574-591 (1959).
♦♦ K. Lorenz, *Evolution and Modification of Behavior*, University of Chicago Press,

필요한 학습이 이뤄지며, 따라서 학습되는 것은 미리 만들어져 있는 어떤 '형식'에 맞추어—이 형식은 종種의 유전적 유산에 의해 정해진다—들어오는 것이다. 어린아이에게서 초기 언어 학습이 이뤄지는 과정은 틀림없이 이처럼 해석되어야 할 것이다(7장 참조). 인간 인식의 근본적인 범주들의 경우나, 보다 덜 근본적이라고는 할지라도 개인이나 사회에 커다란 의미를 지니는 인간 행동의 다른 많은 요소들의 경우에도 이와 마찬가지가 아니라고 추정할 이유는 없다. 원칙적으로 이러한 문제들에 대해서는 실험에 의한 접근이 가능하다. 사실 동물행동학자들은 이러한 실험을 동물들에게는 늘 수행해오고 있다. 하지만 이런 실험은 잔인한 것이기에 인간에게, 특히 어린아이에게 수행한다는 것은 생각하지 못할 일이다. 자기 자신에 대한 존중으로 인해, 인간은 자신의 존재를 이루는 구조의 일부를 탐구하지 못하고 있는 것이다.

． ． ．

데카르트가 주창하고 경험론자들이 부정한 관념의 본유성(선천적으로 타고남)에 대한 오랜 논쟁은 표현형phénotype과 유전형génotype 사이의 구분과 관련하여 생물학자들 사이에서 일어난 논쟁을 떠올리게 한다. 그것을 도입한 유전학자들에게야 이 구분은 근본적인 것이

Chicago (1965).

고 유전적 유산에 대한 정의 자체를 위해 없어서는 안 될 것이지만, 유전학자가 아닌 생물학자들이 보기에 이 구분은 단지 유전자의 불변성이라는 공리를 구하기 위해 고안된 인위적인 장치에 불과한, 대단히 의심스러운 것이다. 오직 현실적이고actuel 구체적인concret 대상만을, 완전히 현전現前, présence하는 대상만을 인정하려는 자들과 이런 구체적인 대상들 속에서 어떤 관념적인 형태가 변장하여 드러나는 것을 보려는 자들 사이의 대립이 여기에서 다시 한 번 재현되는 것이다.[55] 관념적인 것les idées을 좋아하는 학자와 그것을 싫어하는 학자, 학자란 단 이 두 종류뿐이라고 알렝Alain은 말했다. 두 정신적 자세의 대립은 과학 내에서도 이루어진다. 과학적 발전을 위해서는 두 진영의 대립이 무척 중요하다. 그렇지만 과학적 발전은 관념을 경멸하는 사람들이 틀리다는 것을—이들 역시 과학적 발전에 크게 기여하므로 이는 유감스러운 일이지만—늘 증명해왔다.

그럼에도 불구하고 대단히 중요한 어떤 의미에서 18세기의 위대한 경험론자들은 틀리지 않았다. 유전적으로 타고난 것을 비롯한 생명체의 모든 것은, 그것이 꿀벌들의 전형적인 행동이든 인간 인식의 본유적인 틀이든, 모두 경험으로부터 온다라는 그들의 생각은 전적으로 옳다. 하지만 그것은 매 세대마다 각각의 개체에 의해 새롭

---

55 · 여기서 대립하는 두 진영은 각각 오직 현실적이고 구체적인 것, 즉 완전히 현전하는 것만을 실재하는 것으로 인정하려는 진영과 완전히 현전하는 것으로 주어지지는 않지만 이것을 통해 드러나는 것, 즉 관념적인 것의 실재를 인정하려는 진영이다.

게 얻어지는 경험으로부터 오는 것이 아니라, 종의 조상 전체가 진화의 과정을 통해 축적한 경험으로부터 오는 것이다. 오직 우연에 의해 건져올린 이러한 경험만이, 셀 수 없이 많이 일어나지만 자연선택에 의해 오직 소수만이 걸러지는 이러한 시도만이, 중추신경계로 하여금 (다른 모든 기관들과 마찬가지로) 그것이 수행하는 특수한 기능에 적합한 시스템이 되도록 만들 수 있었던 것이다. 뇌에 대해서 말하자면, 그것은 감각 세계를 종種의 작용을 위해 적합한 방식으로 표상하고 직접적인 경험 중에서 그 자체로는 써먹을 수 없는 소여들을 효율적으로 분류할 수 있는 틀을 제공하는 시스템으로, 특히 인간의 경우 경험을 주관적으로 시뮬레이트simuler, 模試하여 그 결과를 예측하고 적절한 행동을 준비할 수 있게 하는 시스템으로 진화한 것이다.

시뮬레이션의 기능

내가 보기에 인간 뇌의 특징을 이루는 것은 바로 이 시뮬레이션 기능의 강력한 발달과 집중적인 사용인 듯하다. 이 기능은 인지 기능의 가장 깊은 차원에서 작용하는 것으로서, 언어는 이 기능에 근거해 있으나 단지 그것의 일부분만을 드러낼 뿐이다. 그렇지만 이 기능은 전적으로 인간만의 것은 아니다. 주인이 산책 나갈 준비를 하는 것을 보고 기쁨을 표현하는 강아지는 그가 조만간 발견하게 될 것들과 그를 기다리는 모험, 주인이 함께 있기 때문에 큰 위험 없이 그가 맛볼수 있는 감미로운 두려움들을 분명히 상상한다. 즉 미리 시뮬레이트하고 있는 것이다.[56] 조금 뒤에 이 강아지는 이 모든 것을 뒤죽박죽의 상태로 다시 꿈에서도 시뮬레이트할 것이다.

동물에게서는, 또한 인간의 유아에게서도, 주관적인 시뮬레이션은 신경운동 활동acitivité neuromotrice과 단지 부분적으로만 분리되는 듯이 보인다. 이들에게서 시뮬레이션 작용은 놀이로(몸짓으로) 표현된다. 하지만 인간에게서는 주관적인 시뮬레이션은 전형적으로 고등한 기능, 즉 창조적 기능이 된다. 언어의 상징성에는 바로 이러한 주관적 시뮬레이션의 창조적 기능이 반영되는데, 언어는 주관적 시뮬레이션의 작용을 변환하고 요약하여 밖으로 표현한다. 이로 인해, 촘스키가 강조하는 바와 같이, 언어는 그 가장 조야한 사용에 있어서도 거의 언제나 혁신적이게 되는 것이다. 언어가 이처럼 혁신적인 까닭은 그것이 주관적인 경험을, 언제나 새로운 독특한 시뮬레이션을 번역하기 때문이다. 인간의 언어가 동물들의 의사소통과 근본적으로 달라지는 것도 바로 이 때문이다. 동물의 의사소통은 판에 박힌 몇

---

56 · '시뮬레이트하다(simuler)'는 말은 최근 들어 아주 많이 사용하는 말이지만, 옮긴이는 이 말의 어감을 충분히 전해줄 수 있는 우리말을 아직 발견(혹은 발명?)하지 못했다. '모시(模試)하다'라는 말이 참 좋은 번역어일 수 있다는 생각이 들지만, 우리 귀에 너무 낯설게 들리는 한자어인 것 같다. 그리하여 그냥 순전히 귀에 익었다는 이유만으로 '시뮬레이트하다'라는 말을 그대로 사용하려 한다. 실제로 현재의 언어상황에서는 '모시하다'는 말보다 '시뮬레이트하다'는 말이 이해하기에 훨씬 덜 어려운 말일 것이다. 번역어가 원어보다더 알지 못할 말이 되는 경우는 피해야 하지 않겠는가! 좋은 번역이 갖추어야 할 미덕은 외국어로 표현된 사상을 좋은 우리말로 정확하게 전달하는 데 있다. 그런데 '좋은 우리말'과 '정확하게'라는 두 요구를 함께 충족시키기란 여간 어려운 일이 아니다. 옮긴이는 불가피한 경우 '좋은 우리말'을 희생시켜서라도 '정확하게'를 위하는 것이 더 좋은 번역이라고 생각한다. '시뮬레이트하다'라고 번역하는 것은 옮긴이의 이런 생각 때문이다.

개의 구체적 상황에 대응하는 몇 가지 신호로 환원된다. 주관적인 시뮬레이션을 꽤나 정확하게 할 줄 아는 영리한 동물이라도 '자신의 의식을 해방시킬 수 있는' 어떤 수단을 가지고 있지는 못하다. 기껏해야 그의 상상력이 어느 **방향**으로 진행되는지를 대충 가리킬 수 있을 뿐이다. 하지만 인간은 자신의 주관적인 경험을 말할 수 있다. 새로운 경험, 창조적인 마주침이 이제 더 이상 그것을 처음으로 시뮬레이트한 자의 죽음과 더불어 소멸되지 않는 것이다.

모든 과학자들은 그들의 반성적 사색이 그 가장 깊은 차원에 있어서는 결코 언어에 의해 이뤄지는 것이 아님을 의식하고 있다고 나는 생각한다. 가장 깊은 차원에서 이뤄지는 사색은 어떤 **상상적 체험**이다. 즉 시각적인 의미에서의 '이미지'로 간신히 나타날 듯 말 듯한 어떤 형태들이나 힘, 상호작용들의 도움을 받아 시뮬레이트되는 체험인 것이다. 나는 언젠가 상상적 체험에 깊이 몰두한 나머지 다른 모든 것이 의식의 장에서 사라져버린 채 나 자신이 하나의 단백질 분자가 된 것 같은 경험을 하고 깜짝 놀란 적이 있다. 하지만 바로 이 체험의 순간에서가 아니라 이 체험이 상징적으로 표현되고 난 다음에야 비로소 이 시뮬레이트된 체험의 의미는 나타난다. 시뮬레이션 체험에서 경험되는 비시각적 이미지들을 어떤 상징들로서 간주해야 한다고 나는 생각하지 않는다. 오히려, 감히 말한다면, 나는 그것들을 상상적인 체험에 직접 주어진, 주관화되고 추상화된 '실재^{réalité}'라고 생각한다.

여하튼, 보통의 경우 시뮬레이션 과정은 거의 즉각적으로 그것을 뒤따라 일어나는 언어작용에 의해 완전히 감추어져 사유 자체와 구별될 수 없이 하나로 뒤섞이는 듯이 보인다. 하지만 수많은 객관적인 관찰들을 통해 인간의 인지적 기능은, 그것이 제아무리 복잡한 사고를 수행하는 중이라고 할지라도, 결코 말에 (혹은 다른 상징적 표현 수단과) 직접적으로 결부되어 있지는 않다는 것이 증명된다. 다양한 형태의 실어증^{失語症}에 대해 행해진 연구들이 그 증거로 인용될 수 있다. 아마도 가장 인상적인 실험은 외과 수술에 의해 뇌량^{腦梁}이 절단되어 뇌의 좌우반구가 서로 분리된 환자들을 대상으로 스페리^{Sperry}가 행한 최근의 실험들일 것이다.◆ 이 환자들의 오른쪽 눈과 오른쪽 손은 뇌의 왼쪽 반구에만 정보를 전달하며, 뇌의 왼쪽 반구도 오른쪽 눈과 오른쪽 손에만 정보를 전달한다. 그러므로 환자는 자신의 왼쪽 눈을 통해 보이고 왼쪽 손으로 만져진 대상을 알아보기는 하지만, 그 이름을 말하지는 못한다. 그런데 양손 중 어느 한쪽 손에 쥐어진 대상의 (3차원적) 형태를, 스크린에 비춰진 이 대상의 평면 전개도와 짝짓는 어려운 시험에서는 (말 못하는) 오른쪽 뇌가 (우성^{優性}인) 왼쪽 뇌보다 월등히 더 뛰어나고 훨씬 더 빨리 식별해낸다. 이러한 사실을 미루어볼 때, 오른쪽 뇌야말로 주관적 시뮬레이션의 중요한 한 부분—아마도 가장 '심오한' 부분—을 가능케 하는 것이라고 충분히 생각해볼 수 있다.

◆ J. Levi-Agresti et R.W. Sperry, *Proceedings of the National Academy of Sciences*, 61, p. 1151 (1968).

· · ·

　만약 사유가 주관적 시뮬레이션 작용에 의존한다고 생각하는 것이 정당하다면, 인간에게서 사유가 고도로 발달될 수 있었던 것은 오랜 진화를 거쳐 이 상상적 체험이 가진 효율성이, 그것이 계속 살아남아야 할 가치가, 이 상상적 체험에 의해 준비되는 구체적인 행동을 통해, 자연선택의 과정에 의해 입증받아온 결과다. 우리의 선조들이 가졌던 중추신경계의 시뮬레이션 능력은, 그것의 적합한 표상 능력과 정확한 예측 능력이 구체적인 경험을 통해 확인됨으로써, 호모 사피엔스의 단계에서 도달한 상태에까지 이르도록 발전되어온 것이다. 오스트랄안트로푸스나 피테칸트로푸스, 혹은 크로마뇽 시대의 호모 사피엔스가 무기를 들고 맹수를 사냥하려는 모의를 할 때, 그들의 주관적인 시뮬레이션 능력은 결코 틀려서는 안 되었다. 바로 그렇기 때문에 이러한 우리의 선조들로부터 전승되어온, 선천적으로 타고난 논리적 도구는 우리로 하여금 틀리지 않고 우주의 사건들을 '이해할' 수 있도록 해주는 것이다. 즉, 이 우주의 사건들을 상징적 언어로서 그릴 수 있게 해주며, 또한 필요한 정보들만 충분하다면 이 우주의 사건들이 어떻게 전개될 것인지를 예측할 수 있게 해준다. 시뮬레이션 장치는 자기 자신의 체험의 결과들을 축적해감으로써, 끊임없이 더욱더 풍부해져가는 예측 도구이자 발견과 창조의 도구가 된다. 이러한 시뮬레이션 장치의 주관적인 작용의 논리를 분석함으로써 우리는 객관적인 논리의 규칙을 제정하고, 수학과 같은 새로운 상징적 도구들도 창조할 수 있게 되었다.[57] 위대한 정신들은 (예컨대 아인슈타인은) 인간이 경험적인 것에 하나도 빚지지 않고 순수하게 창조해낸 수학적 대상들이 자연을 그토록 충실하게 표상해낼 수 있다는 사실에 자주 감탄하곤 했다. 물론 개인들이 겪는 구체적인 경험에는 하나도 빚지지 않는다는 점은 사실이다. 하지만 우리 선조들이 겪었던 수없이 많은 경험, 틀렸을 경우 그 대가가 혹독했던 경험들에 의해 가다듬어진 시뮬레이션 장치에는 모든 것을 빚지고 있다. 우리가 과학적 방법에 따라 논리와 경험을 체계적으로 대면시킬 때, 사실 우리는 선조들이 겪었던 모든 경험들을 현재의 경험과 대면시키고 있는 것이다.

· · ·

우리는 분명히 이 놀라운 도구가 존재한다는 것을 알고 있고, 이 도구의 작용 결과를 언어를 통해 표현할 줄도 알지만, 아직 이 도구의 기능이나 구조에 대해서는 아무것도 아는 바가 없다. 이 점에 있어서는 아직까지 생리학적 실험방법도 거의 무기력한 상태다. 내성^內

---

57 · 우리의 상상적 체험, 즉 시뮬레이션 작용은 우리의 의식(혹은 뇌) 속에서 일어나는 것이므로 주관적이지만, (오랜 진화의 세월을 거치면서 자연선택의 과정을 통해) 객관적 질서에 일치하지 않을 수 없는 방향으로 진화해왔다. 따라서 이 **주관적인** 시뮬레이션 작용이 진행되는 논리를 분석해내어 추출하게 되면, 곧 이 논리가 객관적인 세계의 일들이 진행되는 논리, 즉 **객관적인** 논리가 되는 것이다.

省의 방법에는 필경 위험이 있지만, 그렇다 하더라도 현 상황의 생리학적 실험의 방법보다는 조금 더 많은 것을 우리에게 말해준다. 언어를 분석하는 방법이 남아 있기는 하나, 언어란 미지의 변환變換을 통해서만 시뮬레이션 과정을 드러낼 뿐이고, 더욱이 이 과정의 모든 작용을 드러내는 것도 아니다.

이원론적 환상과 정신의 현존

바로 여기에 또 하나의 최전선이 있다. 이 최전선은 데카르트에게 그랬던 것과 마찬가지로 오늘날의 우리에게도 아직 뛰어넘을 수 없는 것이다. 이 최전선을 뛰어넘을 수 없는 한, 이원론은 적어도 조작상操作上의 유용한 진리로는 계속 살아남을 것이다.[58] 17세기 사람들에게나 현재의 우리에게나, 실제 사람들의 경험에서는 뇌와 정신이 서로 다른 것으로 체험되고 결코 서로 같은 것이 아니다. 하지만 객관적으로 분석해보면 존재에 대한 이러한 이원론은 한갓 환상에

---

58 · 우리가 '네 개에다 다섯 개를 더한 것은 아홉 개와 같다'는 복잡한 생각을 '4+5=9'라고 간단히 표기하는 것은 뒤의 표기방법이 조작상 더욱 편리하기 때문이다. 마찬가지로, 이전에는 몸과 절대적으로 구분되는 정신이나 영혼의 작용으로 믿어져왔던 현상들이 이제 더이상 정신이나 영혼의 존재를 상정하지 않고서 오직 몸에 의해, 특히 몸의 일부인 뇌에 의해 일어나는 현상인 것으로 해명된다 하더라도, 이러한 현상들을 기술하기 위해서는 여전히 '정신'이나 '영혼'이라는 말을 쓰는 것이 조작상으로 더욱 간편할 수 있다. 이런 말을 쓰지 않고 저 현상들을 기술하려 한다면, 저 '4+5=9'를 '네 개에다 다섯 개를 더한 것은 아홉 개와 같다'라고 말하는 것보다 훨씬 더 복잡하고 어렵게 말해야 할 경우가 많기 때문이다.

불과하다. 그렇지만 이 환상은 너무나 존재 자체에 강하게 밀착되어 있는 것이기에, 우리가 우리 자신의 주관성을 직접적으로 체험할 때 이 환상을 사라져버리게 할 수 있기를 바라거나 혹은 이러한 환상 없이 지적·정서적으로 사는 법을 터득하려는 것은 거의 성공하기 어려운 일일 것이다. 게다가 굳이 이렇게 할 필요가 있겠는가? 정신이 현존現存한다는 것을 어느 누가 의심할 수 있겠는가? 영혼을 어떤 비물질적인 '실체'로 보는 것을 거부하는 것은 결코 영혼의 존재를 부정하는 것이 아니다. 그것은 오히려 우리가 선조로부터 물려받아 내부에 가지고 있는 유전적이고 문화적인 유산이나 우리 자신이 스스로 얻게 되는 개인적 체험이 아주 복잡하고 풍부하며 또한 헤아릴 수 없는 깊이를 갖는 것임을 인정하기 시작하는 것이다. 이 유전적이고 문화적인 유산과 개인적 체험이 모두 합쳐져서 우리란 존재는 이뤄진다. 우리 자신이 누구인지에 대한 의심할 수 없는 증언을 해주는 것은 바로 이런 존재뿐이다.

09

—

왕국과 어둠의 나락

인간의 진화에서 작용하는 선택의 압력

오스트랄로피테쿠스나 혹은 그와 동류인 어느 누군가가 구체적이고 실제적인 체험뿐만 아니라 주관적(내적) 체험의 내용을, 즉 개인적 시뮬레이션의 내용을 다른 이에게 전달할 수 있게 된 순간부터 전혀 새로운 하나의 세계가, 즉 관념들의 세계가 탄생하게 되었다고 우리는 말했다. 새로운 진화가, 즉 문화의 진화가 그 순간부터 가능하게 된 것이다. 인간의 물리적(신체상의) 진화 역시 아직 오랫동안 계속 더 이뤄졌을 테지만, 이제부터는 언어의 진화와 긴밀하게 연관되어 이뤄지게 되었다. 인간의 신체상의 진화는 언어의 진화에 깊이 영향을 받게 되었으며, 언어는 선택의 조건을 완전히 뒤집어놓았다.

현대인은 이러한 진화적 공생共生의 소산이다. 그 밖의 다른 어떤 가설로도 현대인이 어떻게 해서 지금의 모습을 하게 되었는지 도저

히 이해할 수도 그 수수께끼를 풀 수도 없다. 살아 있는 모든 존재는
또한 화석이기도 하다. 살아 있는 모든 것은 자기 안에, 자신을 이루
는 단백질의 미시적 구조에 이르기까지, 자기 선조의 흔적을 간직하
고 있다. 이는 인간에게도 마찬가지다. 사실 인간은 이중적 진화, 즉
신체상의 진화와 '관념상의' 진화의 산물이기 때문에 다른 어떤 동물
종들보다도 훨씬 더 자기 선조의 흔적을 고스란히 간직하고 있는 셈
이다.

수십만 년 동안 관념상의 진화는 신체상의 진화를 아주 조금 앞
서 나갈 뿐이었다. 단지 사활에 직접 관련되는 사건들을 예측할 수
있을 만큼만 대뇌피질이 아직 미약하게 발달된 상태였기 때문에, 이
러한 신체상의 미약한 진화 상태가 관념상의 진화가 크게 이뤄지지
못하도록 제약하고 있었던 것이다. 그러므로 시뮬레이션하는 능력
이 발달되는 방향으로, 또한 이 능력의 작동을 외부로 표현하는 언어
능력이 발달되는 방향으로 아주 강한 선택의 압력이 가해졌음에 틀
림없다. 이러한 진화가 놀랄 만큼 빠른 속도로 이뤄진 것도 이 때문
이다. 이 진화의 속도가 얼마나 빨랐던가는 수많은 두개골 화석이 증
언하고 있다.

그러나 서로가 서로의 진화를 촉진시켜주던 이 진화가 계속 전
개되어감에 따라, 관념상의 진화는 그간 중추신경계의 발달이 조금
씩 점차적으로 극복해오던 제약조건들에 대해서 점차 더 많은 독립
성을 쟁취할 수밖에 없게 되었다. 점차 독립적인 발달의 방향으로 나
아가는 이러한 관념상의 진화 덕분에 인간은 인간 이하의 세계에 대

한 자신의 지배범위를 넓혀나가게 되었으며, 따라서 이 세계가 감추어 두고 있는 위험들로부터 점차 벗어나게 되었다. 진화의 첫 번째 단계를 이끌었던 선택의 압력은 따라서 이제 그 강도가 약해질 수 있게 되었으며, 좌우지간 이전과는 다른 성격을 띠게 되었다. 이제부터 환경을 지배하게 된 인간은 더 이상 자신 앞에 자기 자신 이외에는 다른 심각한 적을 갖지 않게 되었다. 인간종 내부에서 일어난 이러한 투쟁이, 생사를 건 이러한 직접 투쟁이, 이제부터 인간종의 자연선택에서 가장 중요한 요인 중 하나가 된 것이다. 이러한 현상은 동물의 진화에서는 극히 드물게만 나타난다. 오늘날 인간 이외의 다른 어떤 동물종에게서도 같은 종 안에서의 내부 투쟁은 알려져 있지 않다. 거대 포유류들의 투쟁에서, 심지어 수컷들 사이에서 흔히 일어나는 1 대 1 투쟁에서도, 패자가 죽음에까지 이르게 되는 경우란 매우 드문 일이다. 모든 전문가들은 이러한 직접 투쟁이, 즉 스펜서식의 '생존 투쟁'이 동물종들의 진화에서는 단지 주변적인 역할만을 했다는 데 일치를 보고 있다. 하지만 인간의 경우에는 더 이상 그렇지 못하다. 적어도 인간종의 발달과 확장이 어느 정도의 단계에 이른 순간부터, 종족 간의 혹은 인종 간의 투쟁이 진화를 결정짓는 핵심 요인으로서 중요한 역할을 했음에 틀림없다. 네안데르탈인들이 아주 갑자기 사라지게 된 것은 우리 인간의 선조인 호모 사피엔스가 저지른 인종말살의 결과일 가능성이 매우 크다. 이것이 최후의 사건도 아니다. 역사 속에서 행해진 수많은 인종말살의 행위를 우리는 알고 있다.

　이러한 선택의 압력이 인류를 어떤 방향으로 진화하도록 몰고

갔을까? 물론 지성과 상상력, 의지와 야망을 천부적으로 많이 타고 난 종족들이 세력을 훨씬 더 확장해갈 수 있었을 것이다. 그러나 또한 개인 홀로의 용기보다는 집단의 단결력과 호전성이, 개인의 창의적인 자발성보다는 부족 전체의 법률에 대한 복종이 더 많이 선택되는 방향으로 압력이 이뤄졌음에 틀림없다.

이런 단순한 도식을 두고 사람들은 온갖 비판거리를 내놓겠지만, 나는 이 모든 비판을 받아들일 수 있다. 나는 결코 인간의 진화를 서로 구분되는 두 단계로 나누자고 주장하는 것이 아니다. 단지 인간의 문화적 진화뿐만 아니라 신체적 진화에도 결정적인 역할을 했음에 틀림없을 핵심적인 선택의 압력을 열거하려고 했을 뿐이다. 중요한 것은 수십만 년에 걸친 이러한 인간의 문화적 진화가 인간의 신체적 진화에 영향을 끼치지 않을 수 없었다는 점이다. 다른 모든 동물에게서보다 인간에게서는, 그의 무한히 우월한 자율성으로 인해, 바로 그의 **행동**이 선택의 압력 **방향을** 정하게 된 것이다. 그리하여 인간의 행동이 그저 자동적으로 행해지던 것을 넘어서 문화적 성격을 띠게 된 이후부터는 문화적 특징 자체들이 게놈의 진화에 압력을 가하게 되었다.

그리고 이러한 진화가 죽 이어져 오다가 문화적 진화의 속도가 너무 빨라져서 드디어 게놈의 진화와 완전히 동떨어진 채 저 혼자서만 계속 진화하는 시기가 오게 된 것이다.

• • •

현대 사회에서의 유전적 쇠퇴의 위험

현대 사회에서는 분명 문화적 진화와 신체적 진화가 완전하게 분리되었다. 현대 사회에서 선택(도태)은 억제되고 있다. 얼마간의 선택이 있다 하더라도, 그것은 더 이상 다원적 의미에서의 '자연적'인 것이 아니다. 현대 사회에서 선택이 아직 작용한다 하더라도, 그것은 더 이상 '가장 적합한 자의 존속'을 유리하게 하는 것이 아니다. 보다 현대적인 용어로 말해서, '가장 적합한 자의 유전자가 그 자손들의 번창을 통해서 존속' 하는 데 선택이 이롭게 작용하지 못한다. 지성, 야망, 용기, 상상력 등은 현대 사회에서도 여전히 성공의 요인임은 분명하다. 하지만 이것들은 개인적personnel 성공의 요인은 될지언정, 유전적génétique 성공의 요인은 아니다. 진화에서 중요한 것은 오직 이 유전적 성공의 여부지만, 현대 사회에서는 개인적 성공의 요인이 유전적 성공을 저해하는 요인이 되고 있다. 주지하다시피, 통계에 의하면 지능 지수(혹은 문화 수준)와 커플 사이의 평균 자녀수는 서로 반비례한다. 또한 같은 통계 자료에서 지능 지수가 높은 사람들끼리 커플로 결합하는 경향이 강하게 나타났다. 이것은 참으로 위험한 상황이다. 가장 뛰어난 유전적 잠재성이 그 번식률이 상대적으로 떨어지는 소수의 엘리트들에게 점차 집중되고 있는 상황인 것이다.

문제는 이것 말고도 더 있다. 비교적 최근에 이르기까지, 심지어 비교적 선진적인 사회에서도, 신체적으로나 지적으로 부적합한 자들에 대한 제거는 자연적으로 그리고 무자비하게 이루어져왔다. 이들 중 대부분은 사춘기의 연령에 도달하지도 못했다. 허나 오늘날에는 유전적으로 열등한 이들 중 많은 이들이 충분히 오래 살아남아 자신을 재생산한다(자손을 낳는다). 즉 지식과 사회 윤리가 진보하여, 종의 쇠퇴를—자연선택이 사라지면 이러한 종의 쇠퇴는 불가피하다—막아주던 메커니즘이 단지 가장 심각한 결함을 지닌 자들에 대해서만 작용할 뿐 그 밖의 경우에 대해서는 거의 작용하지 못한다.

자주 지적되는 이러한 위험들에 대해 사람들은 분자유전학의 최근 발전이 어떤 대책(치료책)을 마련해주리라고 기대를 건다. 일부 얼치기 학자들에 의해 널리 유포된 이러한 환상은 떨쳐버려야 마땅하다. 물론 몇몇 유전적 결함을 일시적으로 호전시킬 수는 있을 것이다. 하지만 이와 같은 대책은 그러한 결함을 가진 개인에게만 유효할 뿐, 그의 후손에게까지 유효한 것은 아니다. 현대 분자유전학은 유전적 특징들을 조작하여 새로운 특징들을 갖도록 개선시키거나 유전적 초인超人을 창조해낼 수 있는 아무런 수단도 제공해주지 못할 뿐만 아니라, 이러한 일을 희망하는 것 자체가 그릇되다는 것을 보여준다. 게놈이 미시적 차원의 존재라는 것 자체가 당분간 그리고 아마 앞으로도 영구히 이러한 조작을 불가능하게 할 것이다.[59] 공상과학에 속하는 괴이한 상상을 제외하고서는, 인간종을 '개선'시킬 수 있는 유

---

59 · '불확정성의 원리'가 말해주듯, 미시적 차원은 언제나 우발적 사건들로 들끓는 곳이기 때문에, 설령 어떤 좋은 결과를 가져오기 위한 조작을 행하더라도 이 조작이 예측하고 기대했던 것과는 다른 예기치 않은 우발적인 결과가 언제든지 생길 수 있다.

일한 방법이란 자연선택을 단호하고 엄격하게 가동시키는 것뿐이다. 누가 이것을 바라겠는가? 누가 감히 이런 방법을 채택하고자 하겠는가?

현대 사회를 지배하는 것은 자연선택에 의한 도태가 작용하지 못하도록 하는 조건, 혹은 오히려 반대되는 선택이 일어나도록 하는 조건이기에,[60] 인간종에게 닥친 위험은 분명하다. 하지만 이 위험은 오랜 시간이 지나야지만, 즉 10~15세대, 다시 말해 몇 세기가 지나야지만 그 심각성이 드러날 것이다. 그런데 현대 사회는 이것 이외에도 또 다른 심각한 위협에 노출되어 있다.

· · ·

내가 여기서 말하고자 하는 것은 인구폭발이나 자연파괴, 혹은 핵무기의 위협과 같은 것이 아니다. 이들보다 훨씬 더 근본적이고 심각한 질환, 즉 영혼의 질환에 대해 나는 말하고자 한다. 이 질환은 관념상의 진화가 겪게 된 가장 큰 전기轉機이지만, 이 질환을 만들어내고 그 심각성을 더욱더 가중시킨 것은 다름 아닌 이러한 관념상의 진화 자체다. 지난 3세기 전부터 이뤄진 지식의 놀라운 발전으로, 오늘날의 인

---

60 · 여기서 '반대되는 선택'이란, 앞에서 지적한 것처럼 가장 뛰어난 유전자가 자손을 통해 재생산되는 것이 아니라, 오히려 이 뛰어난 유전자의 재생산 기회는 줄어들고 그보다 열등한 유전자들이 더 많이 재생산되는 것을 의미한다.

간은 자기 자신에 대해서나 자신이 우주와 맺고 있는 관계에 대해 지난 수만 년 동안 자신의 마음속 깊은 곳으로부터 간직해오고 있던 생각을 가슴 찢어지는 듯한 심경으로 재검토할 수밖에 없게 되었다.

하지만 이 모든 것은, 즉 핵폭탄의 위협과 마찬가지로 이 영혼의 질환도, 아주 간단한 하나의 생각으로부터 생겨나게 된 것이다. 그것은 바로 자연은 객관적이라는 생각, 참된 인식(지식)은 오직 사유와 실제 경험 사이의 체계적인 대면 이외의 다른 어떤 방식으로도 얻어질 수 없다는 생각이다. 이러한 생각은 인류 사상사에 나타난 수많은 사상의 왕국들 가운데 가장 간단하고 명확한 생각(사상)에 해당한다. 이처럼 간단하고도 명확한 생각이 호모 사피엔스의 출현 이후 무려 10만 년이 지나고 나서야 비로소 완연하게 나타날 수 있었다는 점은 참으로 이해하기 어려운 일이다. 중국인들처럼 고도의 문명을 발달시킨 사람들이 이 생각을 몰라서 서양인들로부터 배워야 했다는 점도 그렇거니와, 심지어 서양 문명 자체도 탈레스와 피타고라스로부터 시작해서 갈릴레이, 데카르트, 베이컨에 이르기까지 무려 2,500년 가량이 지난 다음에야 이 생각을 단순한 실용 위주의 기술만을 위한 생각으로부터 벗어나게 할 수 있었다는 점도 참으로 잘 이해되지 않는 일이다.

사상들의 선택과 도태

생물학자는 사상들의 진화를 생명계에서 일어나는 진화에 비교해보고 싶은 유혹을 느낀다. 실로 이 추상적인 왕국이 생명계를 초월하는 것은 생명계가 비생명계를 초월하는 것 이상이지만, 사상들도 유기체의 속성 중 일부를 지니고 있다. 유기체들처럼 사상들도 그들의 구조를 영구적으로 보존하려 하며 또한 더 많이 증식시키려 한다. 유기체들처럼 사상들도 그들의 내용을 서로 섞이게 하고 재조합하고 분리되게 할 수 있다. 그리하여 사상들도 유기체들처럼 진화하며, 이러한 진화 속에서 선택과 도태가 커다란 역할을 한다. 나는 감히 사상들의 선택과 도태에 관한 이론을 제시하려 들지는 않을 것이다. 하지만 이 점에 있어서 어떤 역할을 하는 몇 가지 주요한 요인들을 규정해볼 수는 있다. 사상의 선택과 도태는 두 가지 차원에서 이뤄지는 것임에 틀림없다. 정신 자체의 차원과 성능performance의 차원이 그것이다.

어떤 사상이 갖고 있는 성능상의 가치는 그 사상을 채택한 개인이나 집단에게 그 사상이 가져오는 행동의 변화와 관련된다. 그것을 받아들여 자신의 것으로 삼은 인간 집단에게 보다 많은 단결력과 야망, 자기 확신을 주는 사상이라면, 바로 그로 인해 그 집단은 보다 크게 팽창할 수 있는 힘을 얻는 것이며, 이 집단의 이와 같은 팽창은 역으로 그들의 이 사상을 더 크게 뻗어나갈 수 있게 해준다. 하지만 어떤 사상이 크게 뻗어나간다는 것과 이 사상이 얼마나 많은 객관적인 진리를 담고 있는가 하는 것 사이에는 필연적인 관계가 없다. 어떤 종교 이데올로기가 어떤 사회를 위한 강력한 방패의 역할을 할 수있는 것은 이 이데올로기의 구조 자체에 의한 것이 아니라 이 구조가 사회에 의해 받아들여지고 있다는 사실 때문이다. 즉 이 구조가 사회에 군림하고 있다는 말이다. 그렇기 때문에 이와 같은 사상에 대해서는 그 침투력과 성능상의 가치를 굳이 구분하는 것이 참으로 어려운 일이다.

어떤 사상의 침투력 자체를 분석하는 일은 이보다 훨씬 더 어렵다. 어떤 사상이 인간들의 정신 속을 파고들 수 있는 침투력은 인간 정신 속에 이미 존재하고 있는 구조들에 의해 좌우된다고 말해두자. 이들 구조들 중에는 문화에 의해서 전수되어온 것들도 있을 것이며, 또한 어떤 것인지 정확하게 확정하기 어렵지만 선천적으로 타고난 구조들도 일부 있을 것이다. 하지만 가장 강력한 침투력을 가진 사상들이란 인간에게 우주의 거대한 내재적 운명 속에서 그의 자리를 배정해줌으로써 인간을 **설명하는** 사상, 그리하여 이 내재적 운명 속에서 인간의 불안을 해소시켜주는 사상일 것이다.

· · ·

(신화적) 설명의 필요성

수십만 년 동안 인간 개인의 운명은 그가 속한 집단이나 부족의 운명과 하나였으며, 집단을 벗어나서는 개인은 살아남을 수 없었다. 다른 한편, 부족은 그 구성원들의 단결에 의해서만 살아남을 수 있었고 스스로를 지켜나갈 수 있었다. 법이 개인들 각자의 마음속에 그토록 강력한 힘을 발휘하여 사람들로 하여금 서로 단결하게 하고 또 이 단결을 더욱 공고하게 할 수 있었던 것은 바로 이런 이유 때문이다. 누군가는 이러한 법에 대해 때때로 제동을 걸기도 했을 것이다. 하지만 어느 누구도 법을 완전히 부정하는 생각은 해보지 않았을 것이다. 이와 같은 사회 구조가 그토록 오랜 기간 거대한 힘을 가지고서 말 잘 듣는 놈은 선택하고 그렇지 않은 놈은 도태시키는 역할을 수행해왔을 테므로, 인간 뇌의 선천적인 사고 범주들의 유전적 진화에 어떠한 영향을 끼치지 않았을 리 없다. 즉 이러한 유전적 진화는 인간의 뇌를 부족집단의 법을 잘 받아들이는 방향으로 진화되도록 만들었을 뿐만 아니라, 이러한 법에다 어떤 거대한 존엄성을 갖도록 그 근거를 부여할 수 있는, 어떤 신화적 설명을 만들 필요성(요구)을 느끼게 하는 방향으로 진화되도록 했다. 우리는 이러한 인간들의 후손이다. 어떤 신화적 설명에 대한 요구, 존재의 의미를 찾아 헤매도록 만드는 불안. 이러한 것을 우리는 이들로부터 계승한 것이다. 모든 신화와 종교, 모든 철학과 과학은 바로 이 불안으로부터 창조된 것이다.

이러한 강렬한 요구가 선천적으로 타고난 것이라는 점, 즉 유전 암호 자체의 어딘가에 적혀 있고, 따라서 이러한 요구는 자발적으로 발달한다는 점은 나로서는 아무런 의심의 여지없이 확실한 것이다. 인류 이외에는, 동물계의 어디를 보아도 아주 고도로 분화된 사회적 조직화의 모습을 찾아볼 수 없다. 개미나 흰 개미, 꿀벌과 같은 몇몇 곤충들이 예외이기는 하나, 이들 사회적 곤충들이 형성하는 사회적 제도의 안정성은 모두 유전적으로 전수되어온 덕분이지 문화적 유산에 의한 것이 아니다. 이들의 사회적 행동은 전적으로 선천적으로 타고난 것, 자동적인 것이다.

인간이 형성하는 사회적 제도는 순전히 문화적인 것이기에, 결코 이들에게서와 같은 정도의 안정성에 이를 수 없다. 게다가 누가 그걸 바라기나 하겠는가? 신화니 종교니 거대한 철학적 체계니 하는 것들을 발명하고 구축해야 했던 것은, 인간이 순전한 자동성에 빠지지 않으면서도 사회적 동물로서 살아남기 위해 반드시 치러야 했던 대가代價였던 것이다. 하지만 순전히 문화적인 유산만으로는, 바로 이것 혼자만의 힘으로는 사회적 제도를 지탱하기에 역부족이다. 문화적 유산 이외에도 유전적인génétique 뒷받침이 필요했으며, 이 유전적 뒷받침은 다름 아닌 이러한 문화적 유산을 마치 정신이 갈구하던 자양분인 양[61] 보이도록 만든 것이다. 이게 사실이 아니라면, 모든 사회적 제도의 기초에 종교 현상이 보편적으로 나타나는 것을 어떻게 설명할 수 있겠는가? 더욱이 서로 아주 상이한 다양한 신화와 종교, 철학적 체계들 속에 본질적으로 동일한 '형태'가 발견되는 것은 또 어떻게 설명할 수 있겠는가?

신화적 개체발생과 형이상학적 개체발생

불안을 잠재우고 법을 근거 지우는 역할을 하는 '설명들'은 모두

---

[61] · 즉 정신이 요구하는, 인간 존재의 의미에 대한 설명을 이 문화적 유산이 제공해주는 양.

들 한결같이 '이야기|histoire, 역사라는 뜻도 된다'구조를 취하고 있다. 조금 더 정확하게 말하자면, 개체발생기個體發生記, ontogénies라 할 수 있다. 거의 모든 원시 신화는 신적인 영웅(주인공)과 관련 있다. 이 신적인 영웅의 행위 하나면 집단의 기원이 설명되고 집단의 사회적 구조를 불가침의 전통 위에 세울 수 있다. 역사(이야기)는 결코 다시 쓰여질 수 없기 때문이다. 위대한 종교들도 이와 마찬가지다. 위대한 종교들도 영감에 가득 찬 어떤 예언자의 삶이 남긴 이야기(역사)에 근거하고 있다. 이 예언자는 비록 그 자신이 만물을 주관하는 자가 아니라 하더라도, 적어도 그를 대변하고 있으며, 그리하여 사람들의 역사와 그들의 운명을 이야기해준다. 유대-기독교는 모든 위대한 종교들 중에서 아마도 그 역사주의적인 구조상 가장 '원시적인' 종교일 것이다. 이 종교는 어떤 베두인 부족의 행적에 직접적으로 천착하고 있으며, 그 내용이 어떤 신적인 예언자에 의해 더욱 풍부해지게 된 것은 나중의 일이다. 반면 불교는 가장 고도로 분화된 종교로서, 그 원래적인 형태에 있어서 오직 카르마[業]에만, 즉 개인의 운명을 지배하는 초월적 법칙에만 천착하고 있다. 카르마란 인간의 역사(이야기)라기보다는 차라리 영혼의 역사(이야기)에 가깝다.

플라톤에서부터 헤겔과 마르크스에 이르기까지, 모든 위대한 철학 체계들은 '설명적이면서도explicative 동시에 규범적인normative' 개체발생기를 제공하고 있다. 물론 플라톤에게서는 이 개체발생기가 거꾸로 뒤집혀져 있는 게 사실이다. 플라톤은 역사에서 오직 이데아들의 점차적인 타락만을 보며, 따라서 그는 『국가』에서 시간을 거꾸로 되돌리는 기계(타임머신)를 가동하고자 한다.

마르크스나 헤겔에게 역사란 어떤 내재적인 계획에 따라, 어떤 필연적이고 우호적인 계획에 따라 전개되는 것이다. 마르크스주의 이데올로기가 수많은 정신들에게 강력한 힘을 발휘하는 것은 그것이 인간의 해방을 약속하기 때문만이 아니라, 무엇보다도 개체발생 기적인 구조를 띠고 있기 때문이다. 즉, 이 이데올로기가 과거와 현재 그리고 미래의 역사에 대해서 제공하는 전체적이면서도 세부적인 데까지 이르는 설명 때문이다. 그렇지만 단지 인간의 역사에만 머무른다면, 제아무리 '과학'이라는 확실성의 때깔을 입히더라도, 불충분한 것으로 남아 있게 된다. 그렇기 때문에 변증법적 유물론을 덧붙여서 정신이 요구하는 만족할 만한, 전체에 대한 해석을 주어야 하는 것이다. 변증법적 유물론을 통해서 인간의 역사와 우주의 역사는 서로 결속되어 동일한 영원한 법칙들에 따르게 된다.

물활론적인 '옛날의 결속'의 파괴와 현대인의 영혼의 질환

만약 어떤 전체적인 설명을 필요로 하는 것이, 내가 앞에서 주장한 바와 같이, 실제로 선천적으로 타고난 성향이라면, 만약 이러한 설명의 부재不在가 깊은 불안을 야기하는 것이라면, 만약 이러한 불안을 잠재울 수 있는 유일한 설명 형태가 역사 전체에 대한 설명을 제공하는 것이라면, 곧 자연 전체의 계획 속에서 인간에게 어떤 필연적인 자리를 마련해줌으로써 인간의 의미를 밝혀내는 설명을 제공하는 것이라면, 만약 진실처럼 보여서 불안을 제대로 잠재울 수 있기 위해서는 이러한 설명이 반드시 오랜 물활론적인♦ 전통을 따라야만 하는 것이라면, 사상의 왕국들 가운데 오직 객관적인 지식만을 참된 진리의 유일한 원천으로 보고자 하는 사상이 나타나는 데 왜 그토록 긴 수천 년의 세월이 필요하게 되었는지를 이제는 이해할 수 있을 것이다.

　이러한 준엄하고 냉정한 사상은 어떤 설명도 제공하지 않고, 오히려 그 밖의 모든 정신적 양식糧食에 대한 희구를 금욕주의적으로 포기할 것을 요구해온다. 그러니 이런 사상은 선천적으로 타고난 불안을 진정시키지 못할 뿐만 아니라 오히려 그것을 더 격화시킨다. 이 사상은 수만 년 된 전통을, 그리하여 인간의 본성 자체와 하나 된 전통을 한 방에 날려버릴 것을 요구한다. 이 사상은 인간과 자연 사이의 오래된 물활론적 결속을 비판하고, 이 소중한 유대관계 대신에 고독으로 얼어붙은 우주 속에서의 근심에 찬 탐구만을 인간에게 허락한다. 어떻게 이런 사상이, 자신을 위해 가진 것이라고는 청교도적인 오만밖에는 없는 이런 사상이 받아들여질 수 있었겠는가? 결코 그럴 수 없었다. 게다가 그런 상황은 아직까지도 여전하다. 이 모든 저항에도 불구하고 이런 사상이 우리에게 육박해올 수 있는 것은 오로지 그것이 대단히 비범한 성능을 발휘할 힘을 가지고 있기 때문이다.

♦　다시 한 번 말하지만, 나는 여기서 '물활론적'이라는 말을 내가 이 책의 2장에서 규정한 특별한 의미로 사용한다.

객관성의 공리에 기초해 있는 과학은 지난 3세기 동안 인간 사회에서 자신의 자리를 확고하게 차지하게 되었다. 물론 실천상에서의 자리이지 영혼상에서의 자리는 아니다. 현대 사회는 과학 위에 구축되어 있다. 현대 사회가 갖는 풍요로움과 힘, 그리고 우리가 원하기만 한다면 더 큰 내일의 풍요로움과 힘에 인간이 접근할 수 있다는 확신은 모두 과학 덕분에 가능한 것이다. 하지만 또한, 어떤 동물종이 내린 최초의 '선택'이 그 자손 전체가 진화해나가는 미래의 방향을 결정지을 수 있는 것과 마찬가지로, 그 기원에 있어서 무의식적이었던 '과학적 실천'의 선택은 인류 문화의 진화로 하여금 되돌아올 수 없는 일방통행의 길로 접어들게 하였다. 19세기의 과학적 진보주의는 이 길이 틀림없이 인간성의 경이적인 개화에 이르게 될 것이라고 믿었던 반면, 오늘날 우리는 우리 앞에 암흑의 심연이 입을 벌리고 있음을 본다.

현대 사회는 과학이 가져다준 물질적 풍요와 힘을 받아들였다. 그러나 과학이 주는 가장 심오한 메시지는 받아들이지 않았으며, 실상 거의 들으려고도 하지 않았다. 진리를 찾기 위한 새롭고 유일한 원천에 대한 규정, 윤리의 기초에 대한 전면적인 재검토의 요구, 물활론적 전통과의 단적인 결별에의 요구, '옛날의 결속'을 완전히 포기하고 그 자리를 새로운 어떤 것으로 대신할 필요성의 제기 등등의 것을 말이다. 과학이 주는 모든 힘으로 무장하고 또한 그것이 주는 모든 물질적 풍요를 향유하면서도, 우리 사회는 여전히 바로 이러한 과학에 의해 이미 그 뿌리까지 괴멸된 가치 체계에 따라 살고 있는 것이다.

　우리 사회 이전에 있었던 어떤 사회도 이와 같은 분열을 알지 못했다. 원시 사회나 고대 사회는 물활론적 전통 위에 지식의 원천과 가치의 원천이 하나의 일체를 이루고 있었다. 역사상 최초로 우리 사회에 접어들어, 문명은 자신을 건축하기 위해 지식의 (즉 진리의) 원천으로서는 물활론적인 전통을 완전히 포기하면서도 가치들을 정당화하기 위해서는 여전히 이 전통에 절망적으로 매달리는 상황을 연출하고 있다. 서구의 '자유주의' 사회들은 그들의 도덕의 기반을 유대-기독교적 종교성과 과학적 진보주의가 서로 어울리지 않게 뒤섞인, 또한 인간의 '자연적' 권리에 대한 믿음과 공리주의적 실용주의가 서로 어울리지 않게 뒤섞인 역겨운 짬뽕 위에 두려하고 있는 반면, 마르크스주의 사회는 언제나 역사에 대한 유물론적이고 변증법적인 종교를 설파하고 있다. 겉으로 보기에 마르크스주의 사회의 도덕적 뼈대는 자유주의 사회의 그것보다 훨씬 더 튼튼해 보이지만, 이제까지 그것의 힘이 되어왔던 이러한 강고함으로 인해 지금은 더욱 커다란 취약함을 껴안게 되었다. 여하간 물활론에 뿌리내리고 있는 이 모든 체계들은 모두 객관적 지식의 영역 밖에 곧 진리의 영역 밖에 있으며, 과학과 무연無緣하며, 결정적으로는 과학에 적대적이다. 물론 이들 체계들은 과학(과학적 지식)을 이용하려 하겠지만, 과학(과학적 지식)을 존중하거나 그것에 봉사하려고 하지는 않는다. 둘 사이에 벌어진 틈은 너무나 커다랗고, 마치 이러한 틈이 존재하지 않는 양 보지 않으려 드는 허위도 너무 속이 빤히 들여다보이는 것이기에,

약간의 문화적 소양과 어느 정도의 지성을 갖춘 이들—그리하여 이러한 위기상황에 대한 정신적 번민에 시달리며 살면서 바로 이러한 번민을 그들의 모든 창조의 원천으로 삼게 된 이들—은 이로부터 그들의 양심을 찢어놓는 강박관념에 시달리게 되었다. 즉 사람들 중에서 우리의 사회와 문화의 진화를 책임질 자리에 있는 바로 그들이 말이다.

현대인의 도덕적(정신적)·사회적 존재의 근저에 있는 이 허위가 바로 현대인이 겪는 영혼의 질환이다. 현대인은 자신이 이러한 영혼의 질환을 겪고 있음을 어렴풋하게나마 다소간 자각하고 있기에, 오늘날 그토록 많은 사람들이 과학적 문화에 대해 증오 내지는 두려움의 감정을 겪고 있는 것이다. 좌우지간 그것은 소외의 감정이다. 과학에 대한 염오厭惡의 감정이 노골적으로 드러나는 것은 흔히는 과학의 기술적 응용technologie의 부산물들에 대해서다. 원자폭탄, 자연파괴, 인구증가 같은 것들 말이다. 이런 문제들을 겨냥하는 비판의 목소리들에 대해, 과학 자체는 그것의 기술적 응용과는 다른 것이라고, 원자력의 사용은 조만간 인류의 생존에 필수불가결한 것이 되리라고, 자연 환경의 파괴는 테크놀로지의 과잉에 의해서가 아니라 그것이 아직까지 불충분하기 때문에 일어나는 것이라고, 인구의 폭발적 증가는 해마다 수백만의 아이들이 죽음으로부터 구제되기 때문에 일어나는 일인데 그렇다면 그 아이들을 다시 죽게 내버려 두어야 하느냐고 대꾸하는 것은 물론 쉬운 일이다.

하지만 이 모든 것은 질환을 가져온 깊은 원인과 그 표면적인 징

후를 혼동하는, 한갓 수박 겉핥기식의 피상적 논의일 뿐이다. 사람들의 거부감은 실은 과학의 본질적인 메시지 자체를 향해 있다. 사람들이 두려워하는 것은 신성 모독, 즉 가치에 대한 파괴다. 그리고 이러한 두려움을 가진다는 것은 완전히 정당하다. 실로 과학은 가치를 파괴하는 것이기 때문이다. 물론 과학이 직접적으로 가치를 파괴하는 것은 아니다. 과학은 가치들을 심판하는 것이 아니라 그것들을 무시해야만 하기 때문이다. 하지만 오스트레일리아의 원주민에서부터 유물변증법론자에 이르기까지 모든 물활론적 전통들이 그들의 가치와 도덕, 의무와 권리 그리고 금기를 옹호하기 위해 의존하는 신화적인 혹은 철학적인 개체발생기 전체를 과학은 궤멸시켜 놓는다.

과학이 담고 있는 메시지를 그 완전한 의미에서 받아들이게 되면, 인간은 마침내 수천 년 동안 지속되어온 자신의 오랜 꿈에서 깨어나 자신의 완전한 고독을, 자기 존재의 근본적인 이상함을 발견하게 될 것이다. 이제 그는 자신이 마치 집시처럼 우주의 (중심이 아니라) 변방에서 살아가고 있음을 알게 된다. 우주는 그의 음악에 귀 기울이지 않으며, 그가 꿈꾸는 희망에도, 그가 겪는 고통이나 그가 저지르는 범죄에 대해서와 마찬가지로 무관심해 할 뿐이다.

하지만 그렇다면 누가 죄를 규정할 것인가? 누가 선과 악에 대해 말할 것인가? 전통적인 체계들은 하나같이 윤리와 가치를 인간의 힘이 미치는 영역 너머에 두었다. 가치는 인간에 소속되어 있는 것이 아니라 인간 위에 군림하는 것, 따라서 인간이 가치에 소속되어 있는 것이었다. 하지만 마침내 인간은 가치란 인간 자신에게만 속하는 것임을 알게 되었다. 그리고 이처럼 인간 스스로가 이제 가치의 주인이 되자, 모든 가치들이 우주의 무정한 공허 속으로 해체되어 사라지는 듯이 보이는 것이다. 이렇게 하여 이제 인간은 마침내 과학으로 눈을 돌리게 된 것이다. 아니 차라리 과학으로부터 등을 돌리게 되었다고 말해야 하리라. 이제 인간은 자신의 신체뿐만 아니라 영혼까지도 파괴하는 과학의 끔찍한 힘이 어느 정도인지를 가늠하게 된 것이다.

• • •

가치와 지식

이제 어디에 의지해야 할 것인가? 객관적 진리와 가치의 이론은 언제까지나 서로 전혀 무관한, 어느 한쪽도 다른 한쪽을 침범할 수 없는, 두 개의 별개 영역이라고 인정해야 할 것인가? 작가건 철학자건 심지어 과학자건, 대다수의 현대 사상가들은 이와 같은 입장을 취하고 있는 것으로 보인다. 하지만 나는 이러한 입장이 대다수의 대중들에게 받아들여지지 않을 것으로—왜냐하면 이런 입장은 저 불안을 계속 가중시키기만 할 것이기 때문이다—생각할 뿐만 아니라 완전히 틀렸다고 생각한다. 내가 이렇게 생각하는 것은 다음의 두 가지 이유에서다.

　- 우선, 가치와 지식은 행동과 담론談論에 있어서 언제나 필연적으로 서로 결부되어 나타나기 때문이다. 이것은 누구든 아는 당연한

사실이다.

- 그리고 무엇보다도, '참된' 지식에 대한 규정 자체가, 결국 그 밑바닥까지 분석해보면, 윤리적 성격의 공리에 의존하고 있기 때문이다.

이 두 가지 이유는 각각 좀더 상세히 논할 필요가 있다. 윤리와 지식은 행동 안에서 또한 행동에 의해서 불가피하게 서로 연결되기 마련이다. 행동은 지식과 가치가 **동시에** 작용하도록, 혹은 **동시에** 문제가 되도록 만든다. 모든 행동은 어떤 윤리를 나타낸다. 즉 어떤 것을 가치 있게 생각하거나 혹은 무가치하게 생각하는 것이다. 또는 어떤 가치를 선택하거나 선택하려는 것이다. 그러나 다른 한편으로는 모든 행동에는 어떤 지식이 반드시 전제되어 있으며, 또한 행동이란 지식을 낳기 위해 반드시 필요한 두 개의 원천 중 하나다.

물활론적인 체계에서는 윤리와 지식의 상호침투가 결코 갈등을 일으키지 않았다. 실로 물활론은 이 두 범주 사이에 근본적인 구분을 두려 하지 않기 때문이다. 물활론은 이 둘을 동일한 실재의 두 측면으로 생각한다. 인간이란 '자연적으로 타고난' 어떤 '권리'를 갖고 있다는 생각에 기초한 사회윤리관이 바로 이러한 물활론적 태도를 보여주는 것으로서, 실로 이러한 태도는 마르크스주의에 함축된 윤리관에서도 마찬가지로 드러나고 있다. 훨씬 더 체계적이고 확신에 찬 방식으로 말이다.

객관성의 공리를 참된 지식의 필요조건으로 놓은 순간부터, 하나의 근본적인 구별—이 구별은 진리 자체의 탐색을 위해서 필수불가결한 것이다—이 윤리의 영역과 지식의 영역 사이에 서게 되었다.

지식은 그 자체로 (인식론적 가치를 제외한) 모든 가치 판단을 배제하는 한편, 윤리는 그 자체로 비객관적이므로 지식의 영역으로부터 영구히 추방된다.

하나의 공리로 놓이게 된 이러한 근본적인 구별이 결정적으로 과학을 창조하게 된 것이다. 여기서 나는 이러한 일이 문명의 전 역사를 통해 다른 문명이 아닌 오직 서구 기독교 문명에서만 단 한 번 발생하게 된 이유가 부분적으로는 기독교 교회가 성^聖과 속^俗 사이에 근본적인 구별을 두었기 때문이라고 말하고 싶다. 이러한 구별은 과학으로 하여금—성의 영역을 침범하지 않는다는 조건하에서—자신만의 길을 추구할 수 있도록 해주었을 뿐만 아니라 객관성의 공리에 의해 정립된 보다 근본적인 구별을 정신이 훨씬 용이하게 받아들일 수 있도록 해주었다. 다른 종교문명권의 사람들에게는 성과 속 사이에 어떤 근본적인 구별도 존재하지 않는다는 사실을 이해하는 데 서구인들은 적지 않은 어려움을 겪는다. 힌두교도들에게는 모든 것이 성의 영역에 속한다. '속'이라는 개념 자체가 그들에게는 이해 불가능한 것일 수도 있다.

방금 말한 것은 막간의 지나가는 이야기였다. 다시 본래의 논점으로 되돌아가자. 객관성의 공리는 '옛날의 결속'에 내포된 허위성을 드러내며, 그럼으로써 지식의 판단과 가치의 판단 사이의 어떤 혼동도 허용하지 않는다. 하지만 그렇다고 하더라도 이 두 가지 범주가 행동과 담론에서는 불가피하게 서로 결부되어 있는 것이 사실이다. 그러므로 원칙에 충실하기 위해서, 우리는 다음과 같이 판단할 것이다. 어떤 담론이나 행동이 의미 있는 것이 되려면, 즉 **진정한** (참된authentique) 것이 될 수 있기 위해서는, 이 담론이나 행동은, 자신들이 실행되는 데는 저 두 가지 범주를 서로 결부시키면서도, 동시에 이 두 가지 사이의 구별을 명확히 드러내고 보존할 수 있어야 한다고 말이다. 이렇게 규정해놓고 보니, 진정성authenticité이라는 개념이 윤리와 지식이 서로 만나는 공동 영역이 된다. 이 공동 영역에서 가치와 진리는, 서로 결부되면서도 결코 서로 뒤섞이는 일은 없으므로, 그들 사이의 상호공명共鳴을 깨달을 수 있는 주의 깊은 사람에게 그들 각자의 완전한 의미를 드러내게 된다. 반면 **진정하지(참되지) 못한** inauthentique 담론은 저 두 개의 범주를 서로 뒤섞어 혼합하는 것으로서, 비록 의식적인 것은 아니라 할지라도 가장 해로운 무의미와 가장 범죄적인 허위에 이르게 된다.

'정치적' 담론이야말로(나는 이 '담론discours'이라는 말을 계속해서 데카르트적인 의미로서 사용하고 있다),**62** 이 위험천만한 혼합이 가장 항시적으로 또한 가장 조직적으로 이뤄지는 곳임을 쉽게 알 수 있다. 단지 직업적인 정치인들만 그러는 것이 아니라, 심지어 과학자들 자신도 그들의 전문 영역을 벗어난 곳에서는 가치의 범주와 지식의 범주 사이를 구별해내지 못하는 무능력을 빈번하고 위험천만한 방식으로 드러낸다.

62· '방법서설' 혹은 '방법 이야기' 등으로 옮기는 데카르트의 책 제목이 본래 'Discours de la Méthode'이다.

또 한 번의 지나가는 이야기를 뒤로 하고, 지식의 원천이라는 본래의 주제로 되돌아가자. 물활론은 지식의 명제와 가치 판단 사이에 어떤 절대적인 구별을 두기를 바라지도 않으며 또 그렇게 할 수도 없음을 우리는 앞에서 말했다. 실로 만약 어떤 의도—이 의도가 아무리 교묘하게 위장되어 감추어져 있는 것이라 할지라도—가 우주 속에 존재하고 있다면, 이러한 구별이 어떤 의미를 가질 수 있겠는가? 반면 참으로 객관적인 체계에서는 지식과 가치 사이의 혼동은 철저히 금지되어 있다. 하지만 이러한 금지, 즉 객관적인 지식을 근거 지우는 이 '첫 번째 계명'은, 그 자체로서는 객관적이지 않으며 그럴 수도 없다. 바로 이 점이 핵심이며, 지식과 가치를 그들의 뿌리에서 서로 연결하는 논리적인 결절점結節點이다. 이러한 금지는 하나의 도덕적 규칙이며 규율discipline이다. 참된 지식은 물론 가치를 염두에 두지 않는다. 하지만 이런 참된 지식을 근거 지우기 위해서는 어떤 가치판단이, 혹은 차라리 어떤 가치의 공리公理가 필요하다. 객관성의 공리를 참된 지식을 위한 조건으로서 삼기로 하는 것, 이것은 하나의 윤리적 선택이지 지식의 판단이 아니다. 왜냐하면, 이 객관성의 공리에 따르면, 자의적으로 선택된 이 공리가 세워지기 이전에는 '참된' 지식이란 아직 존재할 수 없기 때문이다.[63] 지식이 따라야 할 규범이 무엇인지를 세우는

---

63 · **참된** 지식이 무엇인지를 규정하는 것이 이 '객관성의 공리'다. 즉 이 공리가 제시하는 규범에 따라서 얻어지는 지식이야말로 **참된** 지식이 되는 것이다. 하지만, 혹은 그러므로, 이 공리 자체는 참된 지식(혹은 지식의 대상)이 아니다. 참된 지식이란 오직 이 공리에 따라서, 즉 오직 이 공리가 세워지고 난 이후에나 얻어질 수 있는 것이기 때문에, 이 공리는

이 객관성의 공리는 어떤 가치—즉 객관적인 지식이라는 가치—를 규정하고 있다. 객관성의 공리를 받아들이는 것은 그러므로 어떤 윤리를 위한, 즉 지식의 윤리를 위한 근본명제를 제시하는 것이 된다.

지식의 윤리

지식의 윤리에 있어서는, 어떤 원초적인 가치에 대한 윤리적 선택이 지식을 근거 지우는 기반이 된다. 이 점에 의해서 지식의 윤리는 물활론적 윤리와 근본적으로 차이를 갖게 된다. 모든 물활론적 윤리는 내재적인 어떤 법칙들, 즉 종교적이거나 '자연적인' 어떤 법칙들이 외부로부터 인간에게 부과된다고 생각하며, 이러한 법칙들에 대한 지식(인식) 위에 자신들의 윤리를 근거 지우려고 한다. 하지만 지식의 윤리는 이처럼 외부로부터 인간에게 부과되는 것이 아니다. 그와 반대로 지식의 윤리는 인간 자신이 그것을 공리로 선택하여 모든 담론과 모든 행동의 진정성의 조건으로 삼는 것이다. 즉 지식의 윤리는 인간 자신이 스스로 만들어내어 자기 자신에게 스스로 부과한 것이다. 데카르트의 『방법서설』은 어떤 인식론적인 규범을 제시하는 책이다. 하지만 더불어 이 책은 무엇보다도, 도덕적 성찰로서 즉 정신의 자기 금욕적 훈련으로서 읽혀야 한다.

지식(혹은 지식의 대상)이 아니라 어떤 (가치판단을 포함한) 윤리적 선택에 의해 세워지는 것이다.

진정한 담론은 그리하여 이제 과학(참된 지식)을 근거 짓게 되며, 인간의 손아귀에 거대한 힘을 쥐어주게 된다. 이 거대한 힘이 오늘날 인간을 풍요롭게도 위태롭게도 만들며, 인간을 해방시키기도 또한 예속시키기도 하는 것이다. 현대 사회는 과학에 의해 조직되었으며 과학의 산물을 먹고 살면서 마약에 중독된 사람처럼 점점 더 많이 과학에 의존하게 되었다. 현대 사회가 물질적으로 강력한 힘을 갖게 된 것은 지식을 가능케 한 이러한 윤리 덕분이며, 정신적으로 허약한 것은 바로 이 지식에 의해 궤멸된 가치 체계에 여전히 의존하려고 하기 때문이다. 이러한 모순은 치명적인 것이다. 우리의 발밑에서 입을 벌리고 있는 어둠의 나락을 파고 있는 것은 바로 이 모순이다. 오늘날의 세계를 창조해낸 것은 바로 지식의 윤리다. 그러므로 이 지식의 윤리만이 오늘날의 세계와 공존할 수 있으며, 일단 제대로 이해되고 받아들여지기만 한다면 오직 이 지식의 윤리만이 오늘날의 세계를 계속 진화시킬 수 있는 참된 능력을 갖고 있다.

· · ·

하지만 이것이 이해되고 받아들여지는 일이 정녕 가능할 것인가? 만약 고독에 대해 불안을 느끼는 것이나 이로부터 벗어나기 위해 총체적인 설명—이 설명이 요구하는 것을 위해 경우에 따라서는 개인이 자신을 희생할 수 있을 만큼 강제력이 있는 설명—을 요구하는 것이, 내가 믿는 것처럼 선천적으로 타고난 것이라면, 만약 먼 옛날로부터 계승되어온 이 유산이 단지 문화적인 것이 아니라 또한 유전적인 것이기도 하다면, 오직 준엄하기만 하고 추상적이기만 한, 또한 그저 오만하기만 한 지식의 윤리가 이러한 불안을 평정하고 이러한 요구를 충족시키는 일이 과연 가능할 것인가? 나는 모른다. 하지만 아마도 결국 완전히 불가능하지만은 않으리라. 아마도 사람들은 지식의 윤리가 줄 수 없는 저 '설명'보다는 어떤 극복이나 초월을 더 필요로 하지 않을까?[64] 사회주의의 위대한 꿈이 가진 힘이 오늘날에도 여전히 사람들의 영혼 속에 살아 있다는 것은 사람들이 어떤 극복이나 초월을 갈망한다는 것을 아주 잘 증언해주는 증거다. 어떤 가치 체계도, 개인을 초월하는—경우에 따라서는 개인이 자기희생을 기꺼이 무릅쓸 수 있을 정도로 개인을 초월하는—어떤 이상을 제시하지 못하고서는, 참된 윤리가 될 수 없다.

지식의 윤리는 그것이 가진 높은 야심에 의해서 아마도 이러한 극복에의 요구를 충족시킬 수 있을 것이다.[65] 지식의 윤리는 하나의 초월적 가치를 규정한다. 참된 지식이 그것이다. 그리고 지식의 윤리는 인간에게 이제 초월적 가치가 된 참된 지식을 단지 이용하려고만

---

64 · 여기서 말하는 극복(dépassement)이나 초월(transcendance)이란, 물활론적인 설명이 주는 (거짓) 위안에 안주하는 것을 거부하고, 있는 그대로의 자신의 실제 조건을 받아들이는 가운데 이러한 조건을 개선하고 발전시키기 위해서 더욱 노력하려는 자세를 말하는 것이다.

65 · 이제부터 모노는 인간의 삶을 올바르게 이끌 수 있는 참된 윤리로서, 즉 거짓에 불과한 물활론적인 윤리가 아닌, 객관적인 지식과 양립할 수 있는 윤리로서, 지식의 윤리를 대안으로 제시한다.

할 것이 아니라 그것을 위해, 의식적이고 확고한 자기 결정을 통해서, 봉사할 것을 제의한다. 이처럼 인간을 뛰어넘는 초월적 가치인 참된 지식에 봉사할 것을 요구한다고 해도, 이러한 지식의 윤리는 또한 여전히 휴머니즘이기도 하다. 왜냐하면 이러한 지식의 윤리는 인간을 이러한 초월성을 창조하고 보존하는 자로서 존중하기 때문이다.

이러한 지식의 윤리는 또한 어떤 의미에서 '윤리에 대한 지식'이기도 하다. 즉 생물학적 존재가 가진 충동과 정념, 그리고 그의 절대적 필요조건과 한계 등에 대한 지식인 것이다. 지식의 윤리는 인간에게서 어떤 동물을 본다. 결코 부조리한 동물이 아니라 이상한 동물을, 그리고 바로 이러한 이상함 자체에 의해서 소중한 가치를 지니고 있는 그런 동물을 말이다. 지식의 윤리가 보는 인간이라는 존재는 생명계와 관념(사상)들의 왕국이라는 두 개의 세계에 동시에 속해 있는 존재이며, 가슴을 찢어놓는 이러한 이원론에 의해 고통받는 동시에 풍요로워지는 존재, 이러한 고통스러운 이원론을 예술이나 시, 그리고 사랑을 통해 표현하는 존재다.

이와 반대로 모든 물활론적 체계는 정도의 차이는 있겠지만 모두들 인간의 생물학적 존재성을 무시하고 깎아내리고 억제하기를 원했고, 인간으로 하여금 자기 자신의 동물적인 특징들에 대해 혐오감과 공포감을 갖도록 만들었다. 이러한 물활론적 체계와는 반대로, 지식의 윤리는 인간으로 하여금 자신의 동물적인 유산을―설령 경우에 따라서는 그것을 지배할 줄 아는 것이 필요하다 할지라도―존중하고 받아들일 것을 격려한다. 인간이 가진 최고의 자질들, 예컨대 용기, 이타심, 관용, 창조적 야망 등에 대해, 지식의 윤리는 이러한 자질들이 모두 사회적·생물학적 기원에서 비롯된 것임을 알아보면서도, 또한 이들이 초월적 가치를 지닐 수 있음을, 즉 지식의 윤리 자신이 규정하는 이상理想을 실현하는 데에 이들이 기여할 수 있음을 인정한다.

• • •

지식의 윤리와 사회주의 이상

마지막으로, 내가 보기에 지식의 윤리는 진정한 사회주의를 건설할 수 있는 기초가 될, 합리적이면서도 동시에 결연히 이상주의적인 유일한 태도다. 19세기의 이 위대한 꿈은 여전히 젊은 영혼들 속에 고통스러운 강렬함을 갖고서 살아 있다. 이 꿈이 고통스러운 것은 그 이상이 겪어야만 했던 배반과 그 이상의 이름으로 저질러졌던 수많은 범죄들로 인한 것이다. 이런 가슴 깊은 열망이 오직 물활론적 이데올로기의 형태로서만 자신의 철학적 교리를 찾을 수밖에 없었다는 것은 비극이다. 하지만 이는 또한 피치 못할 일이었을지도 모른다. 변증법적 유물론에 입각한 사적史的 예언주의에는 그 태생에서부터 많은 위험요소가 내재되어 있었다는 점을—이러한 위험요소들은 실제로 현실이 되고 말았다—알아보는 것은 쉬운 일이다. 사적 유물론은 다른 물활론들보다 아마도 훨씬 더 가치의 범주와 인식(지식)의 범주를 완전히 혼동하는 데 근거하고 있다. 이러한 혼동 자체가 이 이데올로기로 하여금 근본적으로 잘못된 요설을 가지고서 자신이야 말로 역사의 법칙을―인간의 삶이 공허한 무로 전락하지 않기 위해서는 이 법칙에 복종하는 것 이외에 다른 방법은 없다―'과학적으로' 수립하였노라고 큰소리치게 만든 것이다.

이러한 환상을 단호히 물리치지 않으면 안 된다. 이러한 환상은 설사 죽음에 이르게까지 만들지는 않는다 하더라도 유치하기 그지없는 것에 불과하다. 어떻게 참된 사회주의가 본질적으로 도저히 참될 수 없는 이데올로기에 입각해서 수립될 수 있겠는가? 이 이데올로기는, 사회주의를 추종하는 많은 정신들이 그들의 입장을 뒷받침해주는 것이라고 그토록 신실하게 믿는 과학의 입장에서 볼 때, 한낱 비웃음거리에 불과한데도 말이다. 사회주의가 이제 품을 수 있는 유일한 희망은 1세기가 넘도록 자신을 지배해온 저 이데올로기를 '재점검'하는 데 있는 것이 아니라 그것을 완전히 폐기처분하는 데 있다.

그렇다면 참으로 과학적일 수 있는 사회주의적 휴머니즘을 위한 진리의 원천과 도덕적 영감을 찾을 수 있는 곳은 과학 자체의 원천에서가 아니고 어디겠는가? 즉 지식을 근거 지우는 윤리[66]에서가 아니고 어디겠는가? 즉 자유로운 선택에 의해서 지식을 다른 모든 가치들의 척도이며 보증자로서 삼는, 바로 최고의 가치로서 삼는 윤리에서가 아니고 어디겠는가? 그것은 우리가 도덕적 책임을 가져야 할

---

66 · 즉 위에서 말한 '지식의 윤리'.

이유를 우리가 바로 자유롭게 이러한 공리公理적 선택을 할 수 있다는 사실 위에다 근거 지우는 윤리이다. 오직 이러한 지식의 윤리가 사회적·정치적 제도들의 기초로서 받아들여지고, 또한 이 제도들의 참됨과 가치를 평가하는 척도로서 받아들여질 때만이 우리는 사회주의에로 이를 수 있을 것이다. 이러한 지식의 윤리에 따라 수립되는 제도들은 관념(사상)의—또한 지식과 창조의—초월적 왕국을 수호하고 확장시키며 더 풍요롭게 만드는 데 바쳐질 것이다. 이 왕국은 인간의 마음속에 깃들게 될 것이며, 인간은 점점 더 물질적 제약과 물활론의 거짓된 이념적 구속으로부터 벗어나 자유롭게 되어 마침내 이 왕국 속에서 참되게 살아갈 것이다. 인간이 이 왕국의 신민이며 동시에 창조자임을 알아보고 인간만의 이러한 유일하며 소중한 본성의 발전을 위해 봉사하도록 세워진 제도들의 보호를 받으면서 말이다.

물론 이러한 왕국은 유토피아일 것이다. 하지만 이것은 내적 모순을 가진 지리멸렬한 꿈은 아니다.[67] 이러한 생각은 그것이 가진 논

---

67 · 모노가 보기에, 기존의 사회주의 체제나 자유주의 체제는, 진정한 과학(지식)과 거짓된 물활론적 전통이 기만적으로 짬뽕되어 있는 상태이기 때문에, 정합성이 없는 체제 즉 내적으로 모순된 체제. 이에 반해 '지식의 윤리'에 입각하여 세워질 사회체제는 실현되기는 어렵고 따라서 유토피아적일 수는 있겠지만—왜냐하면, 우리의 근원적인 불안을 어루만져줄 수 있는 듯이 보이는 한, 물활론적인 환상은 여전히 강력하게 우리를 지배할 것이며, 따라서 과학이 주는 물질적 풍요로움과 물활론이 주는 정신적 안정을 별 반성 없이 짬뽕시켜놓은 현재의 사회체제는, 그 '누이도 좋고 매부도 좋은' **적당한** 성격으로 인해, 사람들의 구미에 맞는 **현실적인** 체제인 반면, 오직 '지식의 윤리'에 입각하여 물활론적인 기만에 대해 어떠한 타협도 하지 않으려는 모노의 사회체제는 그만큼 사람들의 구미에

리적인 내적 정합성의 힘만으로 우리에게 자신을 받아들이도록 요구한다.[68] 이러한 생각은 참됨(진정함)을 추구하는 탐구가 필연적으로 이르게 될 결론이다. 옛날의 결속은 깨어졌다. 인간은 마침내 그가 우주의 광대한 무관심 속에 홀로 내버려져 있음을, 그가 이 우주 속에서 순전히 우연에 의해서 생겨나게 되었음을 알게 되었다. 이 우주의 그 어디에도 그의 운명이나 의무는 쓰여 있지 않다. 왕국을 선택하느냐[69] 아니면 어둠의 나락으로 떨어지는 것을 선택하느냐 하는 것은 전적으로 인간 자신에게 달려 있다.

맞지 않아 실현가능성이 낮은 체제일 것이기 때문이다―, 바로 이런 비타협적인 성격으로 인해 유일하게 논리적으로 정합적일 수 있는 체제다.

68 · 현존하는 자유주의 사회체제나 사회주의 체제는 '신적 권위'라든가 '인간이 자연적으로 타고난 권리', 혹은 '역사의 과학적 법칙'과 같은, **객관적으로** 확인될 수 없는 개념들에 의존하여 우리에게 호소한다. 즉 우리의 감정에 어떤 공감을 불러일으키거나 겁을 줌으로써 자신을 정당화하려는 것이다. 이는 현존하는 이들 사회체제가 물질적인 면에서는 과학에 의존하면서도 정신적인 면에서는 과학의 메시지를 받아들이지 않는, 내적 **비정합성**을 갖고 있다는 것을 보여주는 증거다. 이와 달리, '지식의 윤리에 입각해 세워지는 사회체제'라는 생각은 이와 같은 **비객관적인** 개념들에 의존함이 없이, 따라서 우리의 감정에 겁을 주거나 공감을 얻어내려고 함이 없이, 그것이 내적으로 논리적인 **정합성**을 가진다는 단 하나의 사실로서만 우리에게 호소한다.

69 · 즉 관념(사상)과 지식의 왕국을 더욱더 발전시킬 것이냐.

부록

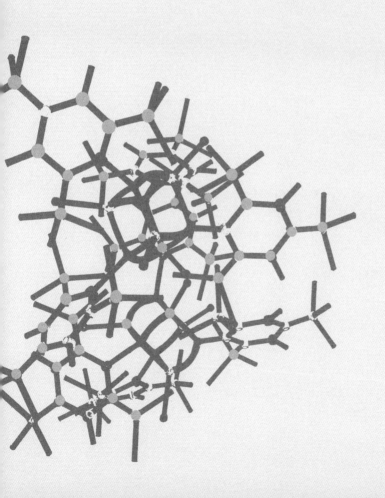

01

—

단백질의 구조

단백질이란 '아미노산'이라 불리는 화합물들이 서로 중합[重合, polymérisation]되어 선형[線形]으로 연결된 고분자물질이다. 이러한 중합의 결과로 생기는 '폴리펩티드' 사슬의 일반적인 구조는 다음과 같다.

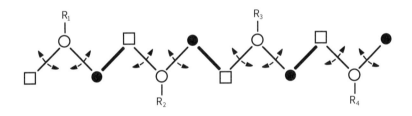

이 그림에서 흰색 원과 검은색 원, 그리고 흰색 네모는 각각 서로 다른 원자단[原子團]을 나타내며 (○=CH ; ●=CO ; □=NH), R_1, R_2 등의 문자는 각각 서로 다른 유기화합물의 잔기[殘基]를 나타낸다. 표 1은 단백질을 구성하는 보편적인 구성요소인 20종의 아미노산 잔기를 나타낸 것이다.

〈표 1〉 아미노산 잔기

1. 소수성(疏水性)

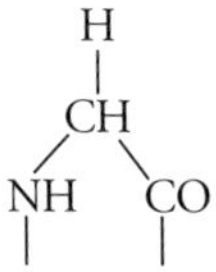

H
|
CH
NH   CO
|
글리신
(Gly)

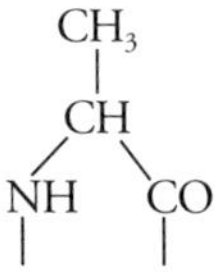

CH₃
|
CH
NH   CO
|
알라닌
(Ala)

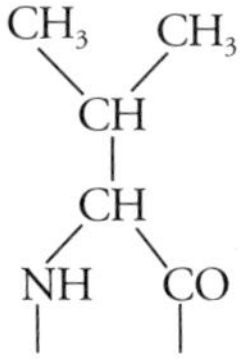

CH₃   CH₃
CH
CH
NH   CO
|
발린
(Val)

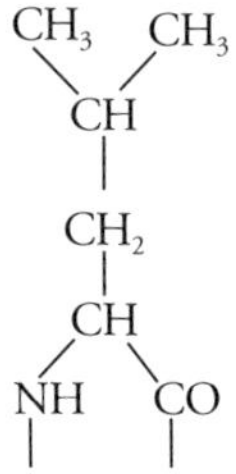

CH₃   CH₃
CH
CH₂
CH
NH   CO
|
류신
(Leu)

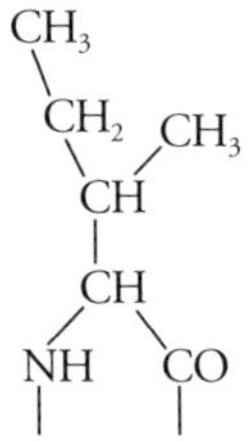

CH₃
CH₂   CH₃
CH
CH
NH   CO
|
이소류신
(Ileu)

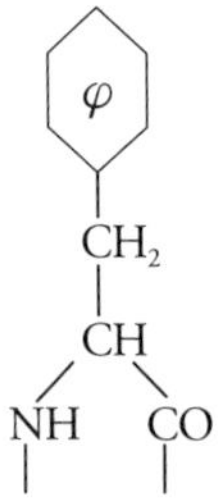

OH

φ
CH₂
CH
NH   CO
|
페닐알라닌
(Phe)

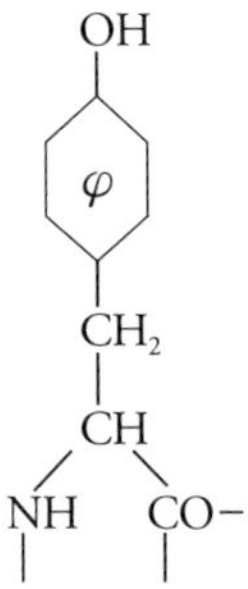

φ
CH₂
CH
NH   CO−
|
티로신
(Tyr)

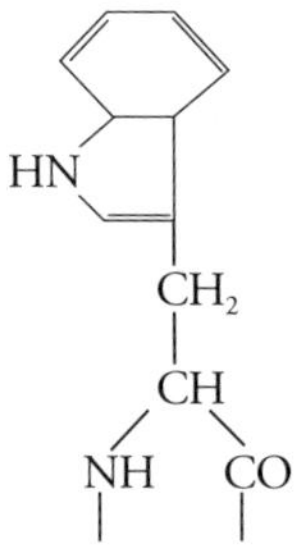

HN
CH₂
CH
NH   CO
|
트립토판
(Try)

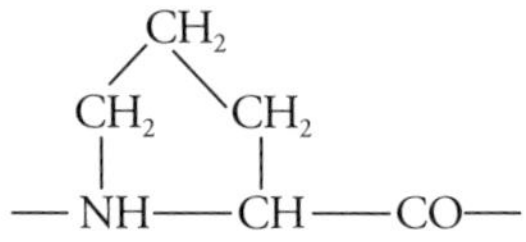

CH₂
CH₂   CH₂
— NH — CH — CO —
프롤린
(Pro)

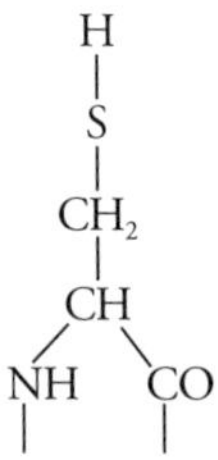

H
|
S
|
CH₂
CH
NH   CO
|
시스틴
(Cys)

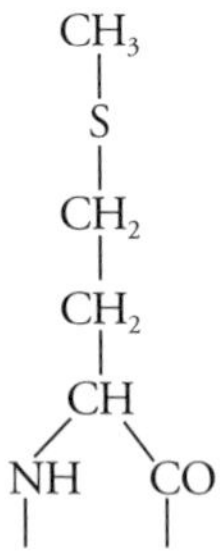

CH₃
|
S
|
CH₂
CH₂
CH
NH   CO
|
메티오닌
(Met)

2. 친수성(親水性)

COO⁻
|
CH_2
|
CH
NH   CO
| |
아스파라긴산
(Asp)

$CO-NH_2$
|
CH_2
|
CH
NH   CO
| |
아스파라긴
(AspN)

COO⁻
|
CH_2
|
CH_2
|
CH
NH   CO
| |
글루탐산
(Glu)

$CO-NH_2$
|
CH_2
|
CH_2
|
CH
NH   CO
| |
글루타민
(GluN)

NH^+_3
|
C=NH
|
NH
|
CH_2
|
CH_2
|
CH_2
|
CH
NH   CO
| |
아르기닌
(Arg)

NH^+_3
|
CH_2
|
CH_2
|
CH_2
|
CH_2
|
CH
NH   CO
| |
리신
(Lys)

N—CH
HC   ‖
N—C
H CH_2
|
CH
NH   CO
| |
히스티딘
(His)

CH_2OH
|
CH
NH   CO
| |
세린
(Ser)

CH_3
|
H—C—OH
|
CH
NH   CO
| |
트레오닌
(Thr)

원자들이나 원자단을 서로 연결하는 데에는 세 가지 유형이 있음을 볼 수 있다.

1. 흰색 원과 검은색 원 사이의 연결 (CH—CO)

2. 흰색 원과 흰색 네모 사이의 연결 (CH—NH)

3. 검은색 원과 흰색 네모 사이의 연결 (CO—NH).

이 중 세 번째 연결—'펩티딕' 연결이라 불린다—에서는 연결되어 있는 원자들이 서로 움직일 수 없도록 고정되어 있다(그림에서 굵은 실선으로 표시). 이에 반해 나머지 두 개의 연결에서는 원자들이 서로 자유로이 회전할 수 있도록 되어 있다(점선 화살표로 표시). 바로 이

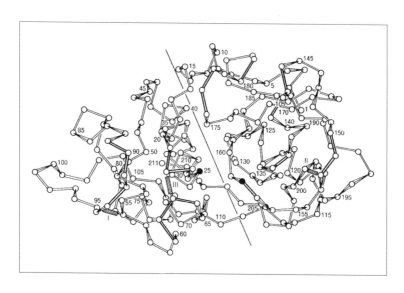

〈그림 5〉 파파인 분자의 펩티드 사슬이 취하는 접힘의 형태를 나타내는 도식

(J. Drenth, J.N. Jansonius, R. Kœkœk, H.M. Swen et B.G. Wolthers, *Nature*, 218, PP. 929-932 (1968))

로 인해 폴리펩티드 섬유는 여러 가지 대단히 복잡한 방식으로 스스로 접혀서 뭉쳐질 수 있는 것이다. 원자들끼리는—특히 R_1, R_2 등의 잔기를 구성하고 있는 원자들—서로 겹쳐져서는 안 된다는 사실만이 이런 다양한 접힘의 가능성을 원칙적으로 제약하고 있을 뿐이다.

그럼에도 불구하고, 천연 구상 단백질의 경우(134쪽 참조), 화학적 종류—이것은 사슬 안의 잔기들의 서열에 의해 정해진다—가 같은 모든 분자들은 모두가 하나같이 똑같은 접힘의 형태를 취한다. 그림 5는 효소의 하나인 파파인의 폴레펩티드 사슬이 어떤 모양을 취하는지를 도식적으로 보여준다. 이 모양이 얼마나 복잡하며 겉으로 보기에 일관성이 없어 보이는가를 볼 수 있다.

02

—

핵산

핵산은 '뉴클레오티드'라고 불리는 화합물들이 선형線形으로 중합되어 만들어진 고분자다. 뉴클레오티드는 당糖이 한편으로는 질소를 포함하는 염기와 결합해서, 다른 한편으로는 인산기燐酸基와 결합해서 형성된 화합물이다. 각각의 당분자는 인산기를 매개로 서로 앞뒤로 연결되어 중합반응이 일어나고, 이로써 '폴리뉴클레오티드' 사슬이 만들어진다.

DNA(디옥시리보핵산)에는 네 종류의 뉴클레오티드가 있는데, 이들은 그들 각각을 구성하는 함질소 염기含窒素鹽基 구조에 의해서 서로 다르다. 이 네 개의 염기는 아데닌Adénine, 구아닌Guanine, 사이토신Cytosine, 티민Thymine인데, 일반적으로 각각 알파벳의 첫 글자를 따서 A, G, C, T로 표기된다. 이들이 바로 유전 알파벳의 글자들이다. 입체적인 이유로 인해, 아데닌(A)은 티민(T)과 자발적으로 비공유결합(85쪽 참조)을 이루려 하며, 반면 구아민(G)은 사이토신(C)과 결합되려 한다.

　DNA는 이와 같은 특이적인 비공유결합에 의해 서로 결합되는 두 개의 폴리뉴클레오티드 사슬로 구성된다. 이 이중 사슬에서, 한쪽 사슬의 A는 다른 쪽 사슬의 T와 결합되고, 한쪽의 G 다른 쪽의 C와 결합

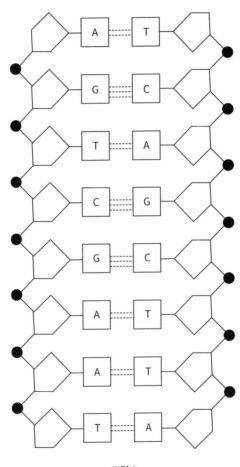

그림 6

된다. 또한 한쪽의 T는 다른 쪽의 A와, 한쪽의 C는 다른 쪽의 G와 결합된다. 그러므로 이 두 개의 사슬은 서로에 대해 **상보적**相補的이다.

이와 같은 구조를 그림 6에서처럼 도식적으로 나타낼 수 있다.

이 그림에서 오각형은 당분자를 나타내고, 검정으로 칠해진 원은 각각의 사슬을 연속적으로 계속 이어져 나갈 수 있도록 해주는 인燐원자를, 그리고 각각 A, T, G, C로 표기된 네모는 염기를 나타내는데, 이들 염기들은 점선으로 표시된 비공유 상호작용에 의해서 A—T, G—C, T—A, C—G 쌍으로 서로 짝지어져 있다. 이 구조를 이루는 염기쌍의 배열들은 계속 늘어날 수 있으며, 늘어나는 길이에는 제한이 없다.

이 DNA 분자의 복제는 먼저 그것을 구성하는 두 개의 사슬이 서로 분리되는 것에서부터 시작된다. 분리된 각 사슬은 곧이어 '뉴클레오티드 대 뉴클레오티드'의 방식으로 상보적인 짝을 얻어서 원래의 이중 사슬로 복원된다. 이 복제 과정을 우리는 아주 간략히 네 개의 쌍을 가진 경우로 국한하여 다음의 그림에서와 같은 방식으로 나타낼 수 있다.

이리하여 새롭게 합성된 두 개의 DNA 분자 각각은, 그것들의 모母분자와 마찬가지로 이중 사슬 구조를 가지게 되는데, 보다시피 이 새로운 분자의 이중 사슬 구조 중 한쪽 사슬은 모분자로부터 온 것이며, 나머지 다른 한쪽은 '뉴클레오티드 대 뉴클레오티드'라는 방식의 입체특이적 짝짓기에 의해서 새롭게 형성된 것이다. 따라서 새롭게 합성된 이 분자들은 서로 똑같은 것은 물론이고, 그들의 모분자와도

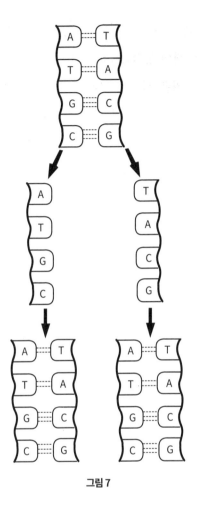

그림 7

똑같다. 복제적 불변성의 메커니즘은 그 원리에 있어서 이상과 같이
매우 간단하다.

　돌연변이는 이와 같은 미시적 메커니즘에 영향을 미칠 수 있는
갖가지 유형의 우발적 사건으로부터 생겨난다. 오늘날 우리는 이들

돌연변이 중 몇 가지 것의 화학적 메커니즘을 아주 잘 이해하고 있다. 예를 들어, 한 쌍의 뉴클레오티드가 다른 한 쌍의 뉴클레오티드에 의해 대체되는 일은, 함질소 염기가 '정상' 상태 외에도 예외적으로나마 일시적으로 호변이성적互變異性的인 형刑의 화합물로 변할 수 있다는 사실에서 기인한다. 함질소 염기가 이렇게 호변이성적인 형의 화합물로 변하게 되면, 그것이 가지고 있는 특이적 짝짓기 능력은 말하자면 '전도된다'. 예컨대 염기 C는 이 예외적인 형으로 변하게 되면, G가 아니라 C와 짝짓기하게 되는 것이다. 오늘날 우리는 이러한 '불법적인' 짝짓기의 가능성을, 즉 그 빈도를 크게 증대시키는 화학적 요인들을 알고 있다. 이들 요인들은 '돌연변이 유발물질'인 것이다.

DNA 사슬상의 뉴클레오티드들 사이에 끼어듦으로써, 이 사슬을 변형시키고 또한 하나 내지 여러 개의 뉴클레오티드를 제거하거나 첨가하는 따위의 우발적 사건을 조장하는 능력을 가진 화학적 요인들도 있다.

끝으로 X선이나 우주선과 같은 전리 방사선電離放射線은 특히 여러 가지 유형으로 뉴클레오티드를 제거하거나 마구 뒤섞어버린다.

03

—

유전암호

어느 하나의 단백질이 갖는 구조와 속성은 폴리펩티드상의 아미노산 잔기들의 배열순서(선적으로 배열되어 있는 순서)에 의해 정해진다. 그리고 아미노산 잔기들의 이런 배열순서(서열)를 정하는 것은 DNA상의 어느 한 섬유 부분에 자리잡고 있는 뉴클레오티드들의 배열순서(서열)다. 그러므로 유전암호란 (엄밀한 의미로 보자면) 어떤 하나의 폴리뉴클레오티드의 배열에 그에 대응하는 하나의 폴리펩티드 배열을 연결시키는 규칙이다.

아미노산의 종류는 20종인 반면 DNA의 알파벳은 불과 네 개의 글자로 (즉 네 개의 뉴클레오티드로) 이뤄져 있으므로, 어떤 하나의 아미노산을 정하기 위해서는 여러 개의 뉴클레오티드가 필요하다. 유전암호는 실제로 트리플릿^{triplet}으로 이뤄져 있다. 즉 각각의 아미노산은 세 개의 **뉴클레오티드**들이 배열되어 정해지는 것이다. 이와 같은 대응관계는 표 2에 나타나 있다.

〈표 2〉 유전암호

I ↓ → II	U	C	A	G	III ↓
U	페닐알라닌 페닐알라닌 류신 류신	세린 세린 세린 세린	티로신 티로신 무의미한 것 무의미한 것	시스틴 시스틴 무의미한 것 트립토판	U C A G
C	류신 류신 류신 류신	프롤린 프롤린 프롤린 프롤린	히스티딘 히스티딘 글루타민 글루타민	아르기닌 아르기닌 아르기닌 아르기닌	U C A G
A	이소류신 이소류신 이소류신 메티오닌	트레오닌 트레오닌 트레오닌 트레오닌	아스파라긴 아스파라긴 리신 리신	세린 세린 아르기닌 아르기닌	U C A G
G	발린 발린 발린 발린	알라닌 알라닌 알라닌 알라닌	아스파라긴산 아스파라긴산 글루탐산 글루탐산	글리신 글리신 글리신 글리신	U C A G

이 표에서 각 트리플릿의 첫 번째 글자는 왼편의 세로난에, 두 번째 글자는 상단의 가로난에, 세 번째 글자는 오른편의 세로난에 나타나 있다. 각 트리플릿에 대응하는 아미노산 잔기를 보여주고 있다(표 1 참조).

우선 명심할 것은 번역 기구機構가 DNA상의 뉴클레오티드 배열을 직접 사용하는 것이 아니라, 우선 폴리뉴클레오티드상의 두 개의 섬유 중 하나를 '메신저 RNA'라고 불리는 별개의 실오라기에다 전사轉寫하여 그것을 사용한다는 것이다. RNA 폴리뉴클레오티드는 DNA와 구조상의 몇몇 세부적인 면에서 차이가 있다. 특히 RNA에는 DNA의 티민(T) 대신에 우라실uracile. U 염기鹽基가 들어 있다. 아미노산들이 일정한 배열순서대로 모여 폴리펩티드를 형성하는 데 매트리스^{matrice} 역할을 하는 것은 바로 이 메신저 RNA이기 때문에, 표 2에 나타난 유전암호는 DNA의 알파벳이 아니라 RNA의 알파벳으로 적혀 있다.

앞의 표를 보아, 대부분의 아미노산 각각에 대해 서로 다른 여러 가지 뉴클레오티드 트리플릿 표기가 있다는 것을 알 수 있다. 네 개의 글자를 가진 알파벳에서 세 개의 글자로 만들 수 있는 말의 수는 실제로 $4^3=64$에 달한다. 그런데 아미노산기^基는 불과 20종이다.

한편 세 개의 트리플릿 UAA · UAG · UGA는, 어떤 아미노산도 지정하지 않아서 '무의미한 것'이라 불린다. 하지만 이 무의미한 것들은 중요한 역할을 한다. 이것들은 뉴클레오티드 배열을 읽어 나갈 때 구두점과 같은 역할을 한다.

번역의 실질적인 기구^{機構}는 복잡하다. 수많은 고분자 성분이 여기에 개입한다. 하지만 이 책을 이해하기 위해 굳이 이 기구에 대해 알 필요까지는 없다. 번역의 열쇠를 쥐고 있는 핵심적인 중간 매개자들만 언급해도 충분하다. 이 중간 매개자들은 '전이^{轉移}' RNA라고 불리는 분자들로 다음과 같은 구조를 가진다.

1. 아미노산을 수용하는 화학구조 : 특수한 효소들이 한편으로는 아미노산을, 다른 한편으로는 특정한 전이 RNA를 식별하고 이 아미노산과 RNA 분자 사이의 (공유) 결합 반응에 촉매작용을 한다.

2. 유전암호의 각 트리플릿과 상보적인 뉴클레오티드 배열 : 이 배열에 의해서 각 전이 RNA가 그것에 대응하는 메신저 RNA의 트리플

릿과 쌍을 이루어 결합할 수 있다.

이와 같은 쌍을 이루는 반응은 리보솜이라는 복잡한 구성성분과의 협력을 통해 일어난다. 이 리보솜은 번역작업에 관계하는 여러 가지 성분들이 한데 모여서 작업을 할 수 있도록 하는 '작업대'와 같은 역할을 한다. 메신저 RNA는 하나하나씩 순서대로 읽힌다. 그렇기 때문에 이런 식으로 해독이 이뤄지도록 하는 메커니즘이 아직 잘 이해되고 있지는 않지만, 리보솜은 폴리뉴클레오티드 사슬을 따라 하나의 트리플릿에서 그 다음 하나의 트리플릿으로 계속 전진해나가는 것이다. 각각의 트리플릿은 자기 차례가 되면 리보솜의 표면에서 자신에 대응하는 메신저 RNA와 짝을 이루고, 이리하여 각각의 트리플릿 지정하는 아미노산이 리보솜으로 운반된다. 이 과정의 단계마다 하나의 효소가, RNA에 의해 이제 막 운반되어온 아미노산과 이

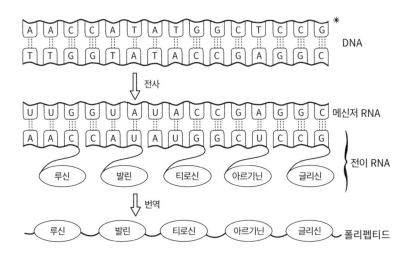

미 만들어져 있는 폴리펩티드 사슬의 제일 말단에 있는 아미노산 사이에 펩티드 결합이 일어나도록 촉매작용을 한다. 이리하여 이 폴리펩티드는 한 단위 더 길어지게 되는 것이다. 이런 다음에는 리보솜이 다시 다음 하나의 트리플릿으로 전진하게 되고, 그리하여 이 모든 과정이 다시 시작된다.

앞의 그림은 DNA상의 (임의적으로 선택된) 하나의 폴리뉴클레오티드 배열에 대응하는 정보가 어떻게 전이되는지를 원리적으로 도식화한 것이다.

이 그림에서 메신저 RNA는 ＊ 표시가 되어 있는 DNA 섬유로부터 전사되는 것으로 나타나 있다. 실제로 전이 RNA는 메신저 RNA와 하나하나씩 차례대로 쌍을 이루지만, 이 그림에서는 명확성을 위해 이 모든 쌍이 동시에 이뤄진 것처럼 나타내었다.

04

열역학 제2법칙의 의미에 대하여

엔트로피에 관한 이 제2법칙에 대해서는, 또한 음(-)의 엔트로피와 정보information[70] 사이의 등가성에 대해서는 사람들이 이미 너무나 많이 이야기했기 때문에 또다시 이 주제를 놓고 간략하게 무언가를 말하는 것이 조금은 망설여진다. 하지만 이 설명이 어떤 독자들에게는 상당히 유익할 수 있을 것이다.

이 제2법칙은 애초에는 (카르노의 정리를 일반화하여 클라우지우스 Clausius가 1850년에 발표한 그 최초의 형태로는) 순전히 열역학적이었던 것으로서, 에너지적으로 고립된 어떤 계에서는 모든 온도 차이가 자발적으로 사라지는 경향이 반드시 있음을 예견하는 것이었다. 혹은 다

---

70 · 우리말로는 그냥 정보라고 번역하지만, 이 information라는 말은 '형상(forme)을 부여하다(집어넣다)'라는 의미를 간직하고 있다. 즉 어떤 무정형(informel)의—따라서 무질서한—상태에 형상을 집어넣어 질서를 만들어내는 것이다(질서가 없는 곳에서는 건져낼수 있는 정보가 없을 것이다).

른 말로 하자면(사실상 같은 뜻이지만), 이 원리는 내부의 모든 곳의 온도가 균일한 이와 같은 고립계 내에서는 이 계 내부의 서로 다른 지역 사이에 어떤 열熱 포텐셜의 차이가 생겨나는 일이 불가능하다고 정하는 것이었다. 따라서 예컨대 냉장고를 냉각시키려면 에너지를 소비하는 것이 필연적이다(필요하다).

그런데 어떤 포텐셜 차이도 더 이상 남아 있지 않은, 균일한 온도의 계系에서는 어떤 (거시적인) 현상도 일어날 수 없다. 이런 계는 불활성不活性인 것이다. 바로 이런 의미에서, 우주와 같은 고립계 내에서는 에너지의 피할 수 없는 산일散逸이 일어난다는 점을 이 원리가 예견한다고 사람들은 말하는 것이다. '엔트로피'란 어떤 계의 에너지가 산일된 정도를 측정하는 열역학적 양을 말한다. 결과적으로 이 원리에 따르면 모든 현상은 어떤 현상이든지 간에 그것이 전개되는 계 내부에서 엔트로피가 증가되는 것을 필연적으로 수반한다.

이 원리가 함축하는 가장 깊고 가장 넓은 의미가 드러나게 된 것은 물질의 운동론의 (혹은 통계역학의) 발전에 의해서다. '에너지의 산일'이나 엔트로피의 증가는 분자들의 무질서한 운동과 충돌로부터 통계적으로 예측될 수 있는 결과다. 예컨대, 서로 다른 온도를 가진 두 개의 공간이 서로 내왕하게 되었다고 하자. '뜨거운' 분자(즉 빠른 분자)들과 '차가운' 분자(즉 느린 분자)들은 그들의 운동 과정에서 한쪽 공간에서 다른 쪽 공간으로 이동하게 되는데, 이런 과정을 통해 양쪽 공간의 온도 차이는 필연적으로 사라지게 된다. 이 예에서 볼 수 있듯이, 어떤 계 내에서의 엔트로피의 증가는 무질서désordre의 증가와 관련된다. 느린 분자들과 빠른 분자들이 처음에는 분리되어 있다가 이제는 서로 섞여 있게 되고, 따라서 이들 분자들의 상호충돌의 결과로 계의 전체적인 에너지는 통계적으로 모든 곳에 고르게 퍼져 있게 되는 것이다. 또한 처음에는 (그들 사이의 온도 차이로 인해) 서로 구별되었던 두 공간은 이리하여 등가적이 되는 것이다. 이와 같은 혼합이 일어나기 전에는 두 공간 사이에 어떤 포텐셜의 차이가 있었기 때문에 그것으로 어떤 일을 할 수 있었지만, 일단 이렇게 통계적인 평형상태에 도달하게 된 이후에는 더 이상 어떤 현상도 이 계 내에서 발생할 수 없다.

어떤 계 내에서의 엔트로피의 증가가 곧 그 계 내에서의 무질서의 증가를 나타내는 것이라면, 거꾸로 질서의 증가는 엔트로피의 감소에 상응하는 것이다. 혹은 사람들이 간혹 선호하는 방식으로 말하자면, 음(−)의 엔트로피(네겐트로피néguentropie)의 증가에 상응하는 것이다. 그런데 어떤 계가 어느 정도의 질서를 갖고 있느냐 하는 것은 이와는 다른 말로도 규정될 수 있다. 즉 '정보information'라는 말을 통해 규정될 수 있다. 이 말을 사용한다면, 어떤 계의 질서의 정도는 이계를 묘사하는 데 필요한 정보의 양과 똑같은 것이다. 이로부터, 질라드Szilard와 레옹 브리유엥Léon Brillouin이 제시한 생각, 즉 '정보'와 '네겐트로피' 사이에는 어떤 등가성이 있다는 생각이 나오게 된 것이다(92쪽 참조). 이러한 생각은 대단히 풍부한 함축을 갖고 있으나 신중하지 못한 일반화나 혼동을 낳을 수도 있다. 그렇지만 메시지의 전달에는 필연적으로 그것이 담고 있는 정보가 어느 정도 소산消散되는 일이 수

반된다고 생각하는 정보이론의 가장 근본적인 명제를 열역학 제2법칙의 정보이론적 등가물이라고 생각하는 것은 옳은 일이다.

· 옮긴이의 말 ·

대부분의 사람들은 물질을 변화의 능력을 결여한 채 정체(停滯)되어 있는 것으로 생각한다. 반면 생명의 본질은 똑같은 것을 반복하는 정체성을 벗어나 계속해서 새롭게 변화해가는 데 있다고 생각한다. 즉 변화와 차이를 추구하고 그것을 실제로 실현할 수 있는 능력이 생명체에 내재하고 있다고 생각한다. 또한 (물질에는 결여되어 있고, 생명체만이 고유하게 지녔다고 생각하는) 이 특이한 자발적인 운동의 힘을, 물질을 설명하는 원리와는 다른 이질적인 원리가 객관적인 자연세계 속에 실제로 존재하고 있음을 말해주는 증거라고 생각한다. 그러나 이 책의 저자 모노에 따르면, 이러한 통속적인 생각과는 정반대되는 것이 사실은 진실이다. 모든 질서(구조)를 붕괴시키는 방향으로 몰고 가는 엔트로피 법칙(열역학 제2법칙)의 보편적인 타당성에 비추어볼 때, 생명체의 특이성은 오히려 변화에 저항하는 능력, 즉 세대를 거치면서도 불변적으로 자기의 구조를 복제해갈 수 있는 그 둔감의 능력에 있으며, 따라서 변화(진화)의 추구와 실현이 아니라 오히려 변화에 저항하는 불변적인 자기복제(똑같은 것의 반복)야말로 생명체의 본질을 이룬다. 생명체의 변화, 즉 진화란 생명체의 본질이 실현되는 일이 아니라, 오히려 생명체의 본질인 이 불변적인 자기복제의 실현이 외부로부터 주어지는 우연적인 요란搖亂에 의해 방해받아 실패하는 경우에 해당한다. 진화란 생명체의 본질적인 속성이 아니라 전적으로 외적인 어떤 힘의 강압에 의해 부과되는 우연적 속성일 따름이다. 또한 이 외적인 힘이 결과적으로 생명체의 구조의 합목적성을 향상시키는 것과 같은 좋은 결과를―이러한 좋은 결과의 축적이 곧 진화다―가져온다고 해서, 이 힘을 물질계에서 작용하는 다른 힘들과는 달리 본래부터 질서(생명체의 구조)를 향상시키는 것과 같은 좋은 속성을 가진 별종別種의 것이라고 생각해서는 안 된다. 실은 이 힘의 내재적인 속성은 질서를 안정화하거나 향상시키기는커녕 오히려 그것을 교란하고 저하시키기 때문이다. 이 외적인 힘의 최종적인 원천은 물질의 미시적 차원인 양자세계에서 일어나는 우연적 요란들, 즉 '불확정성의 원리'의 지배로 인해 어떻게 일어날지를 본질적으로 전혀 미리 예측할 수 없는 우연적 요란들이다. 물질의 미시적 구조의 안정성을 해치는 이 양자적 차원의 우연적 요란들이 유전자의 내부에 축적됨으로써 유전자의 불변적인 자기복제의 기능이 교란되고 저해되어 변이가 발생하게 되고, 바로 이 같은 변이, 즉 본래적인 질서로부터의 탈선이 진화의 원동력이 되는 것이다. 모든 물질은, 그 최종적인 구성요소들의 양자적 본성으로 인해, 결코 이러한 미시적 요란의 영향력으로부터 벗어날 수 없다. 유전자 또한 물질인 한, 이러한 보편적인 운명에서 예외가 아니다. 그러므로 물질의 미시적 차원에서의 질서의 교란과 저하를 설명하는 바로 그 원리가 또한 거시적 차원에서의 생명체의 진화를 일어나게 만드는 원리이기도 하다. 즉 생명체의 진화를 설명하는 것 또한 물질적 원리 이외에 다른 어떤 것이 아니다.

부끄러움과 쓰라림이 이 책『우연과 필연』을 번역하게 된 동기인 것 같다. 이 책은 이상과 같은 주장들을 확립하는 근거와 추론의 방법이 무엇인지를 제시하고 이러한 주장들이 우리들의 (철학과 종교 등으로 대변되는) 전통적인 세계이해방식에 어떤 근본적인 변화를 몰고 오는지를 논의하는 것으로 이뤄져 있다. 옮긴이가 부끄러움을 느낀 것은 적지 않은 세월 동안 철학을 공부해왔으면서도 철학에 대한 이 책의 비판 앞에 너무나 무력했기 때문이다(옮긴이는 이 책에서 비판받는 주요 표적 중 하나인 베르그송의 철학을 공부해왔다). 쓰라림이란 세상의 진리를 이해해보겠다는 크고 당찬 포부로 철학을 시작하였음에도 불구하고 그 긴 세월 동안 결국 '공자왈맹자왈' 하는 것과 별반 다를 것 같지 않은 짓을 자신도 모르게 해오고 있지 않았나 하는 자책감, 그리고 앞으로는 과연 이런 퇴행적 모습에서 벗어날 수 있을까 하는 불안과 회의로부터 오는 것이었다. 옮긴이는 이와 같은 부끄러움과 쓰라림, 불안이 철학 자체에 원인이 있는 것이 아니라 아직 철학에 대한 옮긴이의 능력이 부족하기 때문에 생기는 것이기를 바란다. 하지만 그 원인이 어디에 있는지를 밝히고 이 잘못된 상태를 치유하는 길을 찾는 것은 결국 옮긴이 스스로가 해결해야 할 몫이다.

이 책은 출간과 동시에 세계적인 반향을 불러일으키며 일약 고전의 반열에 올라섰다. 물론 열렬한 호응과 더불어 격렬한 비판이 끊이지 않고 쇄도해왔지만(이 책을 읽는 분들은 왜 그런지 아실 것이다), 혹자의 표현에 따르면 20여 년이라는 오랜 세월 동안 모든 반대 측의 주장들을 깡그리 초토화시킬 만큼, 이 책의 위력은 대단한 것이었다. 유전자 프로그램 이론이 심각하게 도전받고 있는 오늘날에 이르러서는 이 책의 위상이 물론 과거의 그것만큼이나 압도적이지 않을지 모른다. 하지만 이 책의 위력은 단지 그것이 담고 있는 생물학적 내용에만 있는 것이 아니기에, 설령 이러한 내용에 수정을 가하는 일이 필요하게 되더라도, 인류 사상사의 진로를 개척한 위대한 고전으로서 이 책이 지닌 가치는 손상되지 않을 것이다. 옮긴이가 과문^{寡聞}한 탓이겠지만, 이 책이 주는 것만큼의 이상하고 압도적인 위력을 경험하게 하는 과학책은 아직 만나보지 못했다.

아마도 이 책의 마지막 장인 '왕국과 어둠의 나락'에 이르면 어느 누구라도—이 책의 내용에 동감할 만한 준비를 미처 갖추지 못한 사람들이나 혹은 이런 동감을 거부할 만한 이유를 지닌 사람들을 포함하여 어느 누구라도—커다란 감동을 느끼지 않을 수 없을 것이다. 모든 것을 붕괴시키는 듯이 보이는 저자가, 인류가 이제껏 목매달아온 모든 소중한 가치와 사상들을 거짓과 환상이라는 이름으로 사라지게 만드는 저자가, 이 황량한 폐허의 땅 위에서 이제까지의 그 어느 것보다도 아름다운 한 송이 희망의 꽃을 피워내고 있기 때문이다. 이 꽃은 거짓과 환상의 신기루가 사라진 곳에서 오로지 진실만을 의지하여 피어나는 것이기에, 아직 미약한 그 한 송이의 존재만으로도 그렇게 아름다워 보이는 것일 테다. 저자는 그 어느 시인보다도 인간의 불행과 정신적 방황의 모습을 잘 묘사하고 있으며, 그 어느 구도자求道者보다도 경건하고 열정적인 자세로 진리를 추구하고 그 어느 철인哲人보다도 밝은 혜안으로 인간이 자신의 운명을 받아들이고 극복할 수 있는 지혜를 제시한다. 예술과 종교와 철학, 이 모든 것을 죽인 곳에서, 이 모든 것의 감수성과 경건함과 지혜를 합쳐 보다 더 커다란 진실 속에서 함께 완성되도록 하는 것, 이것이 저자가 누누이 강조하고 스스로가 실천한, 진정한 과학의 힘일 것이다. 진정한 과학이란 무엇보다도 인간의 진정한 의무를 수행하는 길이다.

좋은 책을 번역할 기회를 준 궁리출판에 감사드린다. 이 책을 먼저 번역한 김용준, 김진욱 두 선생님께 누를 끼치는 게 아닐지 두려움도 앞선다. 두 분 다 옮긴이보다 훨씬 더 생물학에 가까운 분야를 전문적으로 연구한 분들이고, 학자로서의 명성 또한 옮긴이에 비할 바 없이 높은 분들이다. 두 분의 훌륭한 번역이 있음에도 불구하고, 조금만 더 일반독자에게 잘 전달되게 해보자는 욕심에서 새로운 번역을 내놓게 되었다. 두 분께서 어여삐 보아주시기를 바란다. 꽃과 곤충이 좋아서 생물학자가 되려는 꿈을 안고 있는 내 어린 아들과 딸에게 이 책을 바친다. 언젠가 내 아이들이 보게 될 날이 오리라 생각하는 아빠의 마음으로 이 책을 번역하였다.

2010년 6월

조현수

우연과 필연

1판 1쇄 펴냄 2010년 6월 28일
2판 1쇄 펴냄 2022년 2월 25일
2판 4쇄 펴냄 2024년 8월 27일

지은이 자크 모노
옮긴이 조현수

주간 김현숙 | **편집** 김주희, 이나연
디자인 이현정, 전미혜
마케팅 백국현(제작), 문윤기 | **관리** 오유나

펴낸곳 궁리출판 | **펴낸이** 이갑수

등록 1999년 3월 29일 제300-2004-162호
주소 10881 경기도 파주시 회동길 325-12
전화 031-955-9818 | **팩스** 031-955-9848
홈페이지 www.kungree.com
전자우편 kungree@kungree.com
페이스북 /kungreepress | **트위터** @kungreepress
인스타그램 /kungree_press

ⓒ 궁리출판, 2022.

ISBN 978-89-5820-745-0   93470